"十四五"普通高等教育本科部委级规划教材

U0734191

高分子材料与工程专业实验教程

李海东◎主　编

程凤梅　张葵花　吴　雯　杜艳秋◎副主编

中国纺织出版社有限公司

内 容 提 要

本书内容涵盖了高分子化学、高分子物理和聚合物成型工艺的实验教学基础实验。强调高分子材料专业实验的实验室制度与安全规则，培养学生的实验规范意识，时刻提醒学生注意实验安全，充分体现了以人为本、安全实验操作的理念。实验分三部分，16个高分子化学实验，9个高分子物理实验，12个聚合物成型工艺实验，让学生充分了解和掌握相关实验方法和手段，加深对高分子化学、高分子物理和聚合物成型工艺课程理论知识的理解和运用。

本书适合作为高分子相关专业学生实验课教材，也可作为相关领域研究人员的参考书。

图书在版编目（CIP）数据

高分子材料与工程专业实验教程 / 李海东主编 ；程凤梅等副主编 . -- 北京 ：中国纺织出版社有限公司，2025. 6. --（"十四五"普通高等教育本科部委级规划教材）. -- ISBN 978-7-5229-2894-4

Ⅰ . TB324.02

中国国家版本馆 CIP 数据核字第 2025NS0858 号

责任编辑：朱利锋　　责任校对：高　涵　　责任印制：王艳丽

中国纺织出版社有限公司出版发行
地址：北京市朝阳区百子湾东里A407号楼　　邮政编码：100124
销售电话：010—67004422　传真：010—87155801
http://www.c-textilep.com
中国纺织出版社天猫旗舰店
官方微博 http://weibo.com/2119887771
天津千鹤文化传播有限公司印刷　各地新华书店经销
2025年6月第1版　第1次印刷
开本：787×1092　1/16　印张：9.75
字数：220千字　定价：68.00元

前言

党的二十大报告首次明确提出"加强教材建设和管理"这一重要任务，为我们进一步做好教育出版工作指明了前进方向，提供了根本遵循。教材是落实立德树人根本任务的重要载体，是育人育才的重要依托。习近平总书记高度重视教材建设，多次就教材工作发表重要讲话，做出重要指示，对推进教材建设提出了一系列重大论断和要求。在编写该教材的过程中，我们遵从党对教育出版工作的全面领导，坚持正确政治方向、出版导向和价值取向，认真贯彻落实党的二十大对教材建设与管理做出的新部署新要求，把党管教材落实到教材编写、审核、出版、使用、修订的每一个环节。

《高分子材料与工程专业实验教程》是高等院校高分子材料与工程及相关专业学生的实验教学用书，教程主要配合高分子学科的三个基础性核心课程——高分子化学、高分子物理和聚合物成型工艺的理论课程教学要求编写。本书内容分为四章，第一章简要介绍高分子材料与工程专业各类实验的实验室制度与安全规则，强调实验中实验室安全、试剂的存放和废弃试剂的处理、单体精制和实验仪器等的基本知识。高分子化学实验课程的学习是以学生动手操作为主，辅以教师必要的指导和监督。一个完整的高分子化学实验课由实验预习、实验操作和实验报告三部分组成。第二章是高分子化学实验部分，包括16个高分子合成的基础实验，覆盖高分子化学自由基聚合和逐步聚合反应等内容，增加高黏度聚酯合成虚拟仿真实验内容，目的是加深学生对高分子化学理论知识的掌握和应用。第三章是高分子物理实验部分，包括9个高聚物结构与性能的表征与分析基础实验，用于检验学生对高分子物理理论知识的掌握程度。第四章是聚合物成型工艺实验部分，包括12个聚合物成型、加工改性和性能测试基础实验，用于检验学生对聚合物成型和加工理论知识的掌握程度。

本书由嘉兴大学材料与纺织工程学院高分子材料系各位教师结合本科生理论课程的教学大纲，充分考虑实验场地、实验设备的具体情况，参考嘉兴大学和兄弟院校开设的"高分子化学实验""高分子物理实验""聚合物成型工艺学实验"等课程编写而成，经充分讨论后完成

1

编写。

本书是在嘉兴大学专业实践教学综合改革项目（SJZY20072307-013）资助下进行编写的，编写过程中得到了嘉兴大学教务处和材料与纺织工程学院领导的关心和大力支持。本书由李海东同志主编，第一章、第二章由李海东、程凤梅和吴雯编写；第三章由张葵花、杜艳秋编写；第四章由李海东和张葵花编写。全书由李海东、张葵花统稿。杜艳秋同志参与了第二部分内容的编写、画图和输入工作，席曼同志为第三章实验仪器配图作了部分输入工作，代正伟同志对全书最后定稿给予全程指导。高分子材料系各位教师对实验教学的多年投入为本书稿的最终完成奠定了基础。在此对他们的大力支持表示衷心感谢！

由于作者水平所限，本书在内容、配图及实验项目案例选择和文字表达上可能存在不当之处，敬请各位读者批评指正。

编者

2024 年 11 月于嘉兴大学

|目录|

第一章　高分子化学实验基础

高分子化学衍生于有机化学，因此高分子化学实验与有机化学实验有着许多共同之处。学好了有机化学实验这门课程，掌握了基本有机化学实验操作，做高分子化学实验就会驾轻就熟。但是，高分子化学具有自身的特点，许多应用于高分子合成的方法和手段在有机化学实验中并不常见，高分子化合物的结构和组成分析也有其独特之处，需要学生领会和掌握。

第一节　基本常识

一、实验室安全

圆满地完成一项高分子化学实验，不仅仅意味着顺利获得预期产物并对其结构进行了充分的表征，而往往被忽视但更为重要的是避免安全事故的发生。在高分子实验中，经常会使用易燃溶剂，如苯、丙酮、乙醇和烷烃；易燃和易爆的试剂，如碱金属、金属有机化合物和过氧化物；有毒的试剂，如硝基苯、甲醇和多卤代烃；有腐蚀的试剂，如浓硫酸、浓盐酸和溴等。化学试剂的使用不当，就可能引起着火、爆炸、中毒和烧伤等事故。玻璃仪器和电气设备的使用不当也会引起事故。以下为高分子化学实验中常常遇到的几类安全事故。

1.火警和火灾

高分子化学实验经常遇到许多易燃有机溶剂，有时还会使用碱金属和金属有机化合物，操作不当就可能引发安全事故甚至火灾，实验室要避免出现的常见火警如下：

（1）如果不得不使用明火（如电炉、煤气）直接加热有机溶剂进行重结晶或溶液浓缩操作，而且不使用冷凝装置，导致溶剂溅出和大量挥发。

（2）在使用挥发性易燃溶剂时，要注意同室是否有人正在使用明火。

（3）不能随意抛弃易燃、易氧化学品。不能将回流干燥溶剂的钠连同残余溶剂倒入水池，要倒入有标签的废液桶。

（4）如果电气设备的质量存在问题，长时间通电使用会引起过热着火。

因此，应尽可能使用水浴、油浴或加热套进行加热操作，避免使用明火；长时间加热溶剂时，应使用冷凝装置；浓缩有机溶液，不得在敞口容器中进行；使用旋转蒸发仪等装置，避免溶剂挥发并四处扩散。必须使用明火时，应使明火远离易燃有机溶剂和药品。按常规处理废弃溶液和药品。经常检查电气设备是否正常工作，及时更换和修理。要熟悉安全用具（灭火器、灭火毯、沙桶等，图1-1-1）的放置地点和使用方法，并妥善保管，不要挪作他用。灭火毯或称消防被、灭火被、防火毯、消防毯、阻燃毯、逃生毯，是由玻璃纤维等材料经过特殊处理编织而成的织物，能起到隔离热源及火焰的作用，可用于扑灭油锅火或者披覆在身上逃生。

图1-1-1　灭火器、灭火毯、沙桶

　　如果出现了火警，可以根据不同的情况采取相应对策：

　　（1）容器中溶剂发生燃烧：移去或关闭明火，缓慢地将笔记本或者书夹等物件盖于容器之上，隔绝空气使火焰自熄。

　　（2）溶剂溅出并燃烧：移去或关闭明火，尽快移去临近的其他溶剂，使用灭火毯盖在火焰上或者使用二氧化碳灭火器。

　　（3）碱金属引起的着火：移去临近溶剂，使用灭火毯。由于大多数有机溶剂相对密度低于水，并且烃类溶剂不与水互溶，因此不要使用水灭火，以免火势随水四处蔓延。应用使用灭火毯来灭火。

2. 爆炸

　　进行放热反应，有时会因为反应失控而导致玻璃反应器炸裂，导致实验人员受伤；在进行减压操作时，玻璃仪器由于存在瑕疵也会发生炸裂。这种情况下，应特别注意对眼睛的保护，护目镜（图1-1-2）等保护眼睛的用品应成为实验室的必备品。高分子化学实验中所用到的易爆物有偶氮引发剂和有机过氧化物，在进行纯化过程时，应避免高浓度高温操作，尽可能在防护玻璃后进行操作。进行真空减压实验时，应仔细检查玻璃仪器是否存在缺陷，必要时在装置和人员之间放置保护屏。有些有机化合物遇氧化剂会发生猛烈爆炸或燃烧，操作时应特别小心，卤代烃和碱金属应分开存放，以免两者接触反应。

图1-1-2　护目镜

3. 中毒

　　过多吸入常规有机溶剂会使人产生诸多不适，有些毒害物质如苯胺、硝基苯和苯酚等可很快通过皮肤和呼吸道被人体吸收，造成伤害。在不经意时，手会粘有毒害性物质，经口腔进入人体。因此在使用有毒试剂时，应认真操作，妥善保管；残留物不得乱扔，必须做到有效的处理。在接触有毒和腐蚀性试剂时，必须戴橡皮等材质的防护手套，操作完毕后立即洗手，切勿让有毒试剂粘及五官和伤口。在进行产生有毒气体和腐蚀性气体反应的实验时，应在通风橱中操作，并尽可能在排到大气中之前做适当处理，使用过的器具应及时清洗。在实验室内不得饮食和喝水，养成工作完毕离开实验室之前洗手的习惯。若皮肤上溅有毒害性物质，应根据其性质，采取适当方法进行清洗，必要时使用洗眼器、喷淋系统等进行清洗（图1-1-3）。如果致伤，清洗后送医院治疗。

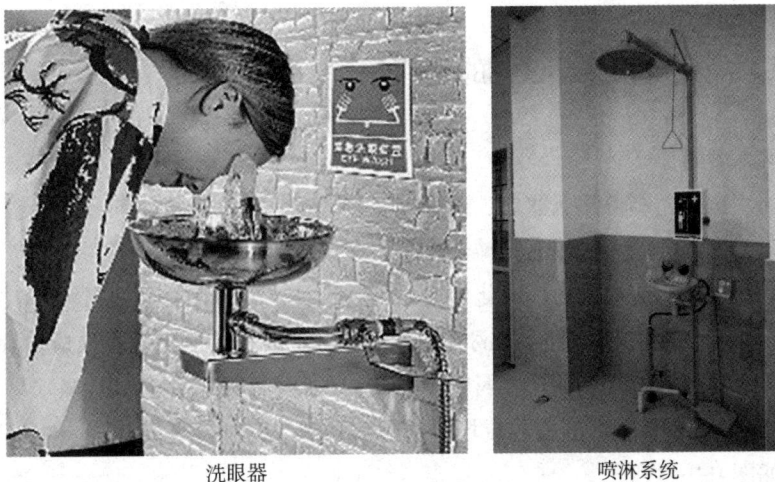

洗眼器　　　　　　　　　　　　　喷淋系统

图1-1-3　洗眼器和喷淋系统

（1）受碱腐蚀致伤：先用大量水冲洗，再用2%醋酸溶液或饱和硼酸溶液清洗，最后用水冲洗。如果碱液溅入眼内，用硼酸溶液清洗。

（2）受溴腐蚀致伤：用苯或甘油洗濯伤口，再用水洗。

（3）受磷灼伤：用1%硝酸银、5%硫酸铜或浓高锰酸钾溶液洗濯伤口，然后包扎。

（4）吸入刺激性气体或有毒气体：吸入氯气、氯化氢气体时，可吸入少量酒精和乙醚的混合蒸气解毒；吸入硫化氢或一氧化碳而感到不适时，应立即到室外呼吸新鲜空气。

（5）毒物进入口内：将5~10mL稀硫酸铜溶液加入一杯温水中，内服后，用手指伸入咽喉部，促使呕吐，吐出毒物，然后立即送医院。

4. 外伤

除玻璃仪器破裂会造成意外伤害外，将玻璃杯（管）或温度计插入橡皮塞或将橡皮管套入冷凝管或三通时也会引起玻璃的断裂，造成事故。因此，在进行操作时，应检查橡皮塞和橡皮管的孔径是否合适，并将玻璃切口熔光，涂少许润滑剂后再缓慢旋转加入，切勿用力过猛。如果造成机械伤害，伤处不要用手抚摸，也不要用水洗涤。若是玻璃创伤，应取出医药箱中镊子先把碎玻璃从伤处挑出。轻伤可涂些紫药水或3%碘酒，必要时撒些消炎粉或敷些消炎膏，并用绷带包扎伤口或贴上创可贴；大伤口则应该先按住血管以防大量出血，稍加处理后去医院诊治。

　　发生化学试剂灼伤皮肤和眼睛的事故时，应根据试剂的类型，用大量水冲洗后，再用弱酸或弱碱溶液洗涤。如果不小心发生了烫伤，不要用冷水冲洗伤口。伤处皮肤未破时，可涂擦饱和碳酸氢钠溶液或用碳酸氢钠粉调成糊状敷于伤处，也可涂抹烫伤膏；如果伤处皮肤已破，可涂些紫药水或1%高锰酸钾溶液。

　　为了处理意外事故，实验室应备有灭火器、石棉布、硫黄和急救箱等用具。同时需要严格遵守实验室安全规则，养成良好的实验习惯，在从事不熟悉和危险的实验时更应该小心谨慎，防止因操作不当而造成实验事故，更应该知晓应急预案。

二、试剂的存放和废弃试剂的处理

1.化学试剂的保管

　　实验室所用试剂，不得随意散失、遗弃，有些有机化合物遇氧化剂会发生猛烈爆炸或燃烧，操作时应特别小心。卤代烃遇到碱金属时，会发生剧烈反应，伴随大量热产生，也会引起爆炸。因此化学试剂应根据它们的化学性质分门别类，妥善存放在适当场所。如烯类单体和自由基引发剂应保存在阴凉处（如冰箱），光敏引发剂和其他光敏物质应保存在避光处，强还原剂和强氧化剂、卤代烃和碱金属应分开放置，离子型引发剂和其他吸水易分解的试剂应密封保存（充氮），易燃溶剂的放置场所应远离热源。另外，还要知晓一些常用危险化学品的标志，如图1-1-4所示。

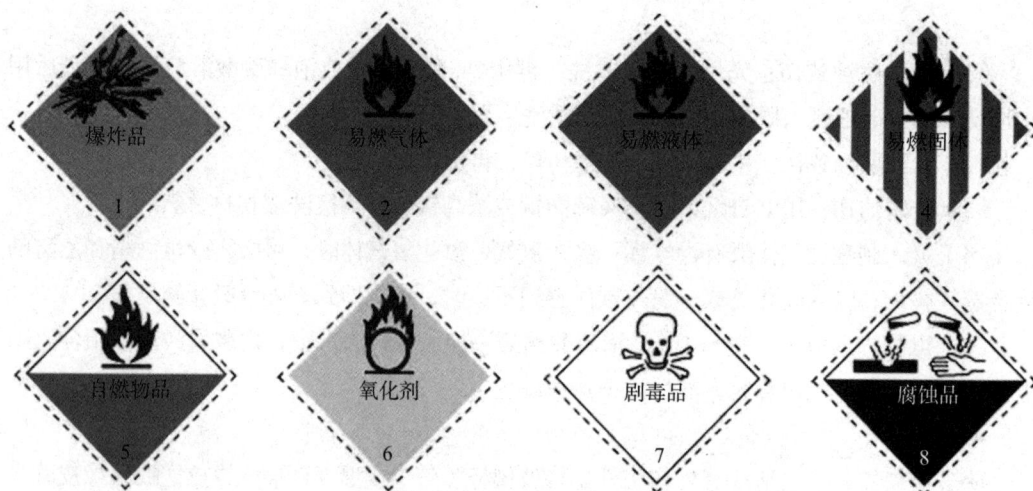

图1-1-4　常用危险化学品的标志

2.废弃试剂的处理

　　在高分子化学实验中产生的废弃试剂大多来源于聚合物的纯化过程，如聚合物的沉淀、分级和抽提。废弃的化学试剂不可倒入下水道中，应分类加以收集、回收再利用。有机溶剂通常按含卤溶剂和非卤溶剂分类收集，非卤溶剂还可以进一步分为烃类、醇类、酮类等。无机液体往往分为酸类和碱类废弃物、中性的盐，可以经稀释后倒入下水道，但是含重金属的废液不属此类。无害的固体废弃物可以作为垃圾倒掉，如色谱填料和干燥用的无机盐。有害的化学药品则进行适当处理。对反应过程中产生的有害气体，应按规定进行处理，以免污染环境，影响身体健康。

在回流干燥溶剂过程中，往往会使用钠、镁和氯化钙。后两者反应活性较低，加入醇类使残余物缓慢反应完毕即可。钠的反应活性较高，加入无水乙醇使残余物转变成醇钠，但是不溶的产物会导致钠粒反应不完全，需加入更多的醇稀释后继续反应。经常需要使用无水溶剂时，这样处理钠会造成浪费，可以使用高沸点的二甲苯来回收。收集每次回流溶剂残留的钠，置于干燥的二甲苯中（每20g钠约使用100mL二甲苯），在开口较大的烧瓶中以加热套加热使钠缓慢熔化。轻轻晃动烧瓶，分散的钠球逐渐聚集成较大的球，趁热将钠和二甲苯倒入一个干燥的烧杯中，冷却后取出钠块，保存于煤油中。切记，操作过程中要十分小心，不可接触水。

除上述两方面外，及时整理实验室和实验台面并清洗玻璃仪器，合理放置实验设备，保持一个整洁舒适的工作环境，也是高质量完成实验所需要的。

三、单体精制

在高分子化学实验中，单体的精制主要是对烯类单体而言，也包括某些其他类型单体。单体中杂质的来源多种多样，如生产过程中引入的副产物（苯乙烯中的乙苯和二乙烯苯）和销售时加入的阻聚剂（对苯二酚和对叔丁基苯酚）；单体在储运过程中与氧接触形成的氧化物或还原产物（二烯单体中的过氧化物，苯乙烯中的苯乙醛）以及少量聚合物。

用含有阻聚剂的单体进行聚合，反应通常不能顺利进行，宏观上表现为有较长的诱导期，更为严重时甚至不发生聚合反应；微观上则表现为引发剂分解所产生的初级自由基与阻聚剂反应生成非自由基物质或形成活性低、不再具有引发聚合能力的自由基，使聚合完全停止。

只有当阻聚剂被消耗完后且体系中尚含有多余的引发剂时，聚合反应才有可能发生并生成高分子化合物。此时所引入的引发剂不是全部被用来生成高分子，引发效率降低，聚合速率减慢，且不利于设计和控制所合成高分子的分子量及配方。因此，在聚合前，需要对单体及引发剂等进行精制，以脱除阻聚剂或微量杂质，尽量降低其对聚合反应的不利影响。

实验室中，通常采用两种方法对单体进行精制：碱洗法和（减压）蒸馏法。碱洗法是利用单体与阻聚剂在碱液中的溶解性能差异来进行精制分离的，而减压蒸馏则是利用单体的沸点随其分压的降低而下降进行精制的。重结晶法提纯用引发剂为过氧化苯甲酰（BPO）、偶氮二异丁腈（AIBN）。

固体单体常用的纯化方法为结晶（己二胺和己二酸的66盐用乙醇重结晶，双酚A用甲苯重结晶）和升华，液体单体可采用减压蒸馏、在惰性气氛下分馏的方法进行纯化，也可以用制备色谱分离纯化单体。单体中的杂质可采用下列措施加以除去：

（1）酸性杂质（包括阻聚剂对苯二酚等）用稀NaOH溶液洗涤除去，碱性杂质（包括阻聚剂苯胺）可用稀盐酸洗涤除去。

（2）单体的脱水干燥，一般情况下可用普通干燥剂，如无水$CaCl_2$、无水Na_2SO_4和变色硅胶。严格要求时，需要使用CaH_2来除水，需要加入1,1-二苯基乙烯阴离子（仅适用于苯乙烯）或$AlEt_3$（适用于甲基丙烯酸甲酯等），待液体呈一定颜色后，再蒸馏出单体。

（3）芳香族杂质可用硝化试剂除去，杂环化合物可用硫酸洗涤除去，注意苯乙烯绝对不能用浓硫酸洗涤。

（4）采用减压蒸馏法除去单体中的难挥发杂质。

离子型聚合对单体的要求十分严格，在进行正常的纯化过程后，需要彻底除水和其他杂质。例如，进行（甲基）丙烯酸酯的阴离子聚合，最后还需要在$Al(C_2H_5)_3$存在下进行减压蒸馏。

1. 苯乙烯（St）的精制

苯乙烯为无色透明液体，常压沸点145℃，密度为0.906g/cm³（20℃），折光率为1.5468（20℃），不溶于水，可溶于大多数有机溶剂，不同压力下St的沸点如表1-1-1所示。St中所含阻聚剂常为酚类化合物。

表1-1-1 不同压力下St的沸点

压力/kPa	0.67	1.66	2.67	5.33	8.00	13.3	26.7
沸点/℃	18	30.8	44.6	59.8	69.5	82.1	101.4

苯乙烯的精制过程如下：

（1）在250mL的分液漏斗中加入100mL St，用20mL的5% NaOH溶液洗涤多次至水层为无色，此时单体略显黄色。

（2）用20mL蒸馏水继续洗涤苯乙烯，直至水层呈中性，加入适量干燥剂（如无水Na_2SO_4、无水$MgSO_4$和无水$CaCl_2$等），放置数小时。

（3）初步干燥的苯乙烯经过滤除去干燥剂后，直接进行减压蒸馏，收集到的St可用于自由基聚合等要求不高的场合。过滤后，加入无水CaH_2，密闭搅拌4h，再进行减压蒸馏，收集到的单体可用于离子聚合。

2. 甲基丙烯酸甲酯（MMA）

MMA为无色透明液体，常压沸点100℃，密度为0.936g/cm³（20℃），折光率为1.4138（20℃），微溶于水，可溶于大多数有机溶剂，不同压力下MMA的沸点如表1-1-2所示。对苯二酚为其常用的阻聚剂。

表1-1-2 不同压力下MMA的沸点

压力/kPa	7.67	10.80	16.53	25.2	37.2	52.93	72.93
沸点/℃	30	40	50	60	70	80	90

它的纯化方法同St，但是由于单体的极性，采用CaH_2干燥难以除尽极少量的水。用于阴离子聚合的单体还需要加入$AlEt_3$，当液体略显黄色，才表明单体中的水完全除去，此时可进行减压蒸馏，收集单体。

上述方法也适用于其他（甲基）丙烯酸酯类单体。

3. 丙烯酰胺（AM）

AM为固体，易溶于水，不能通过蒸馏的方法进行精制，可采用重结晶的方法进行纯化。具体步骤如下：将55gAM溶解于40℃的20mL蒸馏水中，置于冰箱中深度冷却，有AM晶体析出，迅速用布氏漏斗过滤。自然晾干后，再于20～30℃下真空干燥24h。如要提高单体的结晶收率，可在重结晶母液中加入6g硫酸铵，充分搅拌后置于冰箱中，又有AM晶体析出。其他固体烯类单体皆采用重结晶的方法进行精制。

4. 乙酸乙烯酯（VAc）

VAc为无色透明液体，常压沸点73℃，密度为0.943g/cm³（20℃），折光率为1.3958（20℃）。VAc的精制方法如下：60mL的VAc加入100mL的分液漏斗中，用12mL饱和$NaHSO_3$溶液充分洗涤三次，再用20mL蒸馏水洗涤一次；用12mL的10% Na_2CO_3溶液洗涤两次，最后用蒸馏水洗至中性。单体用干燥剂干燥数小时，过滤，蒸馏。

四、实验仪器

化学反应的进行、溶液的配制、物质的纯化以及许多分析测试都是在玻璃仪器中进行的，另外还需要一些辅助设施，如金属器具和电学仪器等。

1. 玻璃仪器

玻璃仪器按接口的不同可以分为普通玻璃仪器和磨口玻璃仪器。普通玻璃仪器之间的连接是通过橡皮塞进行的，需要在橡皮塞上打出适当大小的孔，有时孔道不直，橡皮塞不配套，给实验装置的搭置带来许多不便。磨口玻璃仪器的接口标准化，分为内磨接口和外磨接口，烧瓶的接口基本上是内磨的，而回流冷凝管的下端为外磨口。为了方便接口大小不同的玻璃仪器之间的连接，还有多种换口可以选择。常用标准玻璃磨口有10#、12#、14#、19#、24#、29#、34#等规格，其中24#磨口大小与4#橡皮塞相当。

使用磨口玻璃仪器，由于接口处已经细致打磨和聚合物溶液的渗入，有时会使内、外磨口发生黏结，难以分开不同的组件。为了防止出现这种麻烦，仪器使用完毕后应立即将装置拆开；较长时间使用，可以在磨口上涂敷少量硅脂等润滑脂，但是要避免污染反应物。润滑脂的用量越少越好，实验结束后，用吸水纸或脱脂棉蘸少量丙酮擦拭接口，然后再将容器中的液体倒出。

大部分高分子化学反应是在搅拌、回流和通惰性气体的条件下进行的，有时还需进行温度控制（使用温度计和控温设备），加入液体反应物（使用滴液漏斗）和反应过程监测（添加取样装置），因此反应最好在多口反应瓶中进行。图1-1-5为几种常见的磨口反应烧瓶，高分子化学实验中多用三口和四口烧瓶，容量大小根据反应液的体积决定，烧瓶的容量一般为反应液总体积的1.5～3倍。

可拆卸的反应釜用于聚合反应，可以很方便地清除粘在壁上的坚韧聚合物或者高黏度的聚合物凝胶，尤其适用于缩合聚合反应，如聚酯和不饱和树脂的合成。示意图见图1-1-6，为了保持高度真空，可以在两部分之间加密封垫，并用悬夹拧紧。

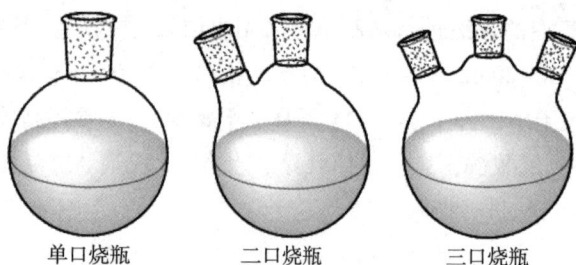

单口烧瓶   二口烧瓶   三口烧瓶

图1-1-5　磨口反应烧瓶   图1-1-6　可拆卸反应釜

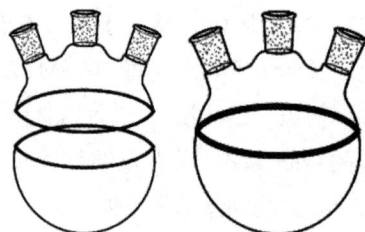

进行聚合反应动力学研究时，特别是本体自由基聚合反应，膨胀计是非常合适的反应器，如图1-1-7所示。它是由反应器和标有刻度的毛细管组成。好的膨胀计应具有操作方便、不易泄漏和易于清洗的特点。通过标定，膨胀计可以直接测定聚合反应过程中体系的体积收缩，从而获得反应动力学方面的数据。

一些聚合反应需要在隔绝空气的条件下进行，使用聚合管或者封管比较方便，如图1-1-8所示。封管宜选用硬质、壁厚均一的玻璃管制作，下部为球形，可以盛放较多的样品，并有利于搅拌，上部应该拉出细颈，以利于烧结密闭。

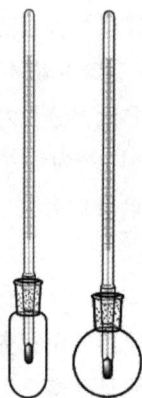

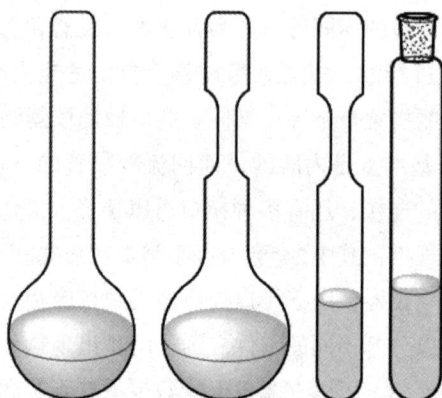

图1-1-7　膨胀计   图1-1-8　带橡皮塞的聚合管和封管

封管适用于高温、高压下的聚合反应。带翻口橡皮塞的聚合管，适用于温和条件下的聚合反应，单体、引发剂和溶剂的加入可以通过干燥的注射器进行。

除了上述反应器外，高分子化学实验经常使用到冷凝管、蒸馏头、接液管和漏斗等玻璃仪器（图1-1-9）。进行离子型聚合反应，对实验条件的要求很高，往往根据需要设计和制

克氏蒸馏头　　普通蒸馏头　　单口接液管　　球形冷凝管　直形冷凝管　滴液漏斗　平衡滴液漏斗

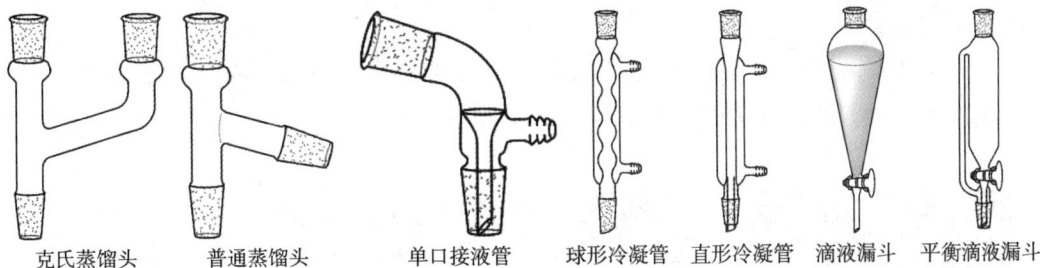

图1-1-9　高分子化学实验常用玻璃仪器

作特殊的玻璃反应装置。

2.辅助器件

进行高分子化学实验，需要用铁架台和铁夹等金属器具将玻璃仪器固定并适当连接。实验过程中经常需要进行称量（称量瓶如图1-1-10所示）、加热、温度控制和搅拌，应选择合适的加热、控温和搅拌设备。液体单体的精制往往需要在真空状态下进行，需要使用不同类型的减压设备，如真空油泵和水泵。进行固体物质的研磨或粉末状物质的混合要用到研体（图1-1-11）；溶液的配制需要容量瓶（图1-1-12）。许多聚合反应在无氧的条件下进行，需要氮气钢瓶和管道等通气设施。

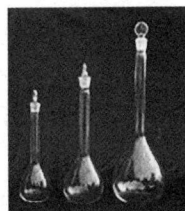

图1-1-10　称量瓶　　　　　图1-1-11　研钵　　　　　图1-1-12　容量瓶

用容量瓶配制标准溶液时，将准确称取的固体物质置于小烧杯中（图1-1-13），加水或其他溶剂将固体溶解，然后将溶液定量转入容量瓶中。

定量转移溶液时，右手拿玻璃棒，左手拿烧杯，使烧杯嘴紧靠玻璃棒，而玻璃棒则悬空伸入容量瓶中，棒的下端靠在瓶颈内壁上，使溶液沿玻璃棒和内壁流入容量瓶中。烧杯中溶液流完后，将烧杯沿玻璃棒轻轻上提，同时将烧杯直立，再将玻璃棒放回烧杯

图1-1-13　烧杯

中。用洗瓶（图1-1-14）以少量蒸馏水冲洗玻璃棒和烧杯内壁3~4次，将洗出液定量转入容量瓶中。然后加水至容量瓶的2/3容积时，拿起容量瓶，按同一方向摇动，使溶液初步混匀，此时切勿倒转容量瓶。

最后继续加水至距离标线1厘米处，等待1~2min使附在瓶颈内壁的溶液流下后，用滴管滴加蒸馏水至弯月面下缘与标线恰好相切，再倒转过来，使气泡上升到顶，如此反复多

次，使溶液充分混合均匀。

用容量瓶稀释溶液，则用移液管（图 1-1-15）移取一定体积的溶液于容量瓶中，加水至标度刻线。用移液管吸取液体时会用到洗耳球（图 1-1-15）。

图 1-1-14　洗瓶

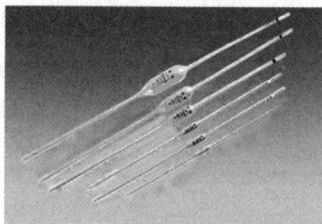

移液管

洗耳球

图 1-1-15　移液管和洗耳球

3.玻璃仪器的清洗和干燥

玻璃仪器的清洗干燥是避免引入杂质的关键。清洗玻璃仪器最常用的方法是使用毛刷和清洗剂，清除玻璃表面的污物，然后用水反复冲洗，直至器壁不挂水珠，烘干后可供一般实验使用。盛放聚合物的容器往往难以清洗，搁置时间过长则清洗更加困难，因而要养成实验完毕立即清洗的习惯。除去容器中残留聚合物的最常用方法是使用少量溶剂来清洗，最好使用回收的溶剂或废溶剂。带酯键的聚合物（如聚酯、聚甲基丙烯酸甲酯）和环氧树脂残留于容器中，将容器浸泡于乙醇—氢氧化钠洗液之中，可起到很好的清除效果。含少量交联聚合物固体而不易清洗的容器，如膨胀计和容量瓶，可用铬酸洗液来洗涤，热的洗液效果会更好，但要注意安全。总之，应根据残留物的性质，选择适当的方法使其溶解或分解而达到除去的效果。离子型聚合反应所使用的反应器要求更加严格，清洗时应避免杂质的引入。

洗净后的容器可以晾干或烘干，干燥仪器有烘箱和气流干燥器。临时急用，可以加入少量乙醇或丙酮冲刷水洗过的器皿以加速烘干过程，电吹风更能加快烘干过程。对于离子型聚合反应，实验装置需绝对干燥，往往仪器搭置完毕后，于高真空下加热除去玻璃仪器的水汽。

第二节　高分子化学实验课程

一、高分子化学实验课程组成

高分子化学实验课程的学习是以学生动手操作为主，辅以教师必要的指导和监督。一个完整的高分子化学实验课由实验预习、实验操作和实验报告三部分组成。

1.实验预习

在进行一项高分子化学实验之前，首先要对整个实验过程有所了解。要带着问题做实验预习，如为什么要做这个实验？怎样顺利完成这个实验？做这个实验得到什么收获？预习过程要做到看（实验教材和相关资料，包括自查的、学习通平台的实验操作视频及仪器使用培训视频、虚拟实验平台上的虚拟实验等资料）、查（重要数据）、问（提出问题）和写（预习报告和注意事项）。通过预习需要了解以下内容：

（1）实验目的和要求。

（2）实验所涉及的基础知识、实验原理。

（3）实验的具体过程。

（4）实验所需要的化学试剂、实验仪器和设备以及实验操作。

（5）实验过程中可能会出现的问题和解决方法。

在大三学生做毕业论文时，会接触到新的实验，预习过程还包括文献的查阅、实验方案的拟定和实验过程的设想，不明白之处要不耻下问。自己做实验时，玻璃仪器和电气设备皆需要自己准备，不要事到临头缺三少四，影响实验的正常进行。

2. 实验操作

高分子化学实验一般需要较长时间，过程进行中需要仔细操作、认真观察和认真记录，做到以下几点：

（1）认真听实验老师的讲解，进一步明确实验进行过程、操作要点和注意事项。

（2）搭置实验装置、加入化学试剂和调节实验条件，按照拟定的步骤进行实验，既要细心又要大胆操作，如实记录化学试剂的加入量和实验条件。

（3）认真观察实验过程中发生的现象，获得实验必需的数据。

（4）实验过程中应该勤于思考，认真分析实验现象和相关数据，并与理论结果相比较。

（5）实验结束，拆除实验装置，清理实验台面，清洗玻璃仪器和处置废弃化学试剂。实验记录经指导老师检查签字后，方可离开实验室。

3. 实验报告

做完实验后，需要整理实验记录和数据，把实验中的感性认识转化为理性知识，做到：

（1）根据理论知识分析和解释实验现象，对实验数据进行必要处理，得出实验结论，完成实验思考题。

（2）将实验结果和理论预测进行比较，分析出现的特殊现象，提出自己的见解和对实验的改进。

（3）独立完成实验报告，实验报告应字迹工整，叙述简明扼要，结论清楚明了。

完整的实验报告应包括：实验题目、实验目的、实验原理、实验记录、数据处理、结果和讨论。

二、高分子化学实验要求

1. 实验室规则

（1）实验前应充分预习，实验完成后应在规定时间内交实验报告。

（2）爱护仪器设备。凡有损坏和遗失仪器、工具和其他物品者，应填写报损单或进行登记。公用仪器、药品和工具等在称量和使用完毕应放回原处，节约水电、仪器和药品，避免浪费。

（3）危险品和剧毒物品有严格的管理和使用制度，领用时要登记，使用完要按照规定回收或销毁。

（4）绝对不允许随意混合各种化学药品，以免发生意外事故。

（5）浓碱和浓酸具有强腐蚀性，切勿使其溅在皮肤或衣服上，更应注意保护眼睛。

（6）稀释酸、碱时（特别是浓硫酸），应将酸或碱慢慢倒入水中，并用玻璃棒搅拌，以避免迸溅。

（7）移取药品时，应使用药勺或镊子移取，禁止直接用手拿取。

（8）使用贵重仪器设备时，必须严格按照操作规程进行操作。如出现异常或故障，应停止使用，并报告相关人员或上级主管，及时排除故障。

（9）不要俯向容器去嗅放出的气体。面部应远离容器，用手把逸出的气体慢慢地煽向自己的鼻孔。

（10）实验过程中应专心致志，认真如实地记录实验现象和数据，不得在实验过程中进行与实验无关的活动。实验记录需经指导老师批阅。

（11）严格遵守操作规范和安全制度，防止事故发生。如出现紧急情况，立即报告教师做及时处理。

（12）保持整洁的实验环境，不要乱撒药品、溶剂和其他废弃物。废弃溶剂和试剂倒入指定的回收容器内。实验结束后，整理实验台面，清洗使用过的仪器，由值日生打扫实验室，并经检查后方能离去。实验室所有药品或实验药品不得带出室外。

2. 实验室安全规范

高分子化学实验，经常使用到易燃、有毒等危险试剂，为了防止事故的发生，必须遵守下列安全规范。

（1）实验前，应熟悉相关仪器和设备的使用，实验过程中严格遵守使用操作规范。

（2）蒸馏易燃液体时，保持塞子不漏气，同时保持接液管出气口的通畅。

（3）使用水浴、油浴或加热套等进行加热操作时，不能随意离开实验岗位，进行回流和蒸馏操作时，冷凝水不必开得太大，以免水流冲破橡皮管或冲开接口。

（4）如果出现火警，需保持镇静，立即移去周围易燃物品，切断火源，同时采取正确的灭火方法，将火扑灭。

（5）禁止用手直接取剧毒、腐蚀性和其他危险药品，必须使用橡胶手套，严禁用嘴尝试一切化学试剂和嗅闻有毒气体。在进行有刺激性、有毒气体或其他危险实验时，必须在通风橱中进行。

（6）易燃、易爆、剧毒的试剂，应有专人负责保存于合适场所，不得随意摆放，取用和称量需遵从相关规定。

（7）实验完毕，应检查电源、水阀和煤气管道是否关闭，特别在暂时离开时，应交代他人代为照看实验过程。

第二章　高分子化学实验

实验一　有机玻璃（PMMA）的创意制作（本体聚合）

（实验时间：4h）

一、目的和要求

（1）了解本体聚合的特点与规律，掌握本体聚合反应的操作方法。

（2）要求制备出无气泡、平整透明、有创意的有机玻璃薄板。

二、原理

本体聚合是在不另加溶剂与介质条件下单体进行聚合反应的一种聚合方法。与其他聚合方法如溶液聚合、乳液聚合等相比，本体聚合可以制得比较纯净、分子量较高的聚合物，对环境污染较低。

在本体聚合中，随着转化率的提高，聚合物的黏度增大，反应所产生的热量难于散发，同时增长链自由基末端被黏性体系包埋，很难扩散，使得双基终止速率大大降低，聚合速率急剧增加，从而导致出现"自动加速现象"或"凝胶效应"。这些将引起聚合物分子量分布增宽，并影响制品性能。

聚甲基丙烯酸甲酯（polymethyl methacrylate，PMMA)，是一种无定形聚合物，具有高度透明性，俗称有机玻璃，是迄今为止合成透明材料中质地优异、价格又比较适宜的品种。有机玻璃有如下性能：

（1）光学性能。聚甲基丙烯酸甲酯为高度透明的无定形热塑性塑料，具有十分优异的光学性能，透光率可达90%～92%，折射率为1.49，并可透过大部分紫外线和红外线。

（2）力学性能。聚甲基丙烯酸甲酯是一种质轻而坚韧的材料，在常温下具有优良的拉伸强度、弯曲强度和压缩强度；但冲击强度一般，且对缺口敏感较大；表面硬度一般，易于划伤；耐磨性较低，抗银纹能力较差。

（3）热学性能。聚甲基丙烯酸甲酯的极限氧指数为17.3，属于易燃塑料，燃烧有花果臭味；耐热温度不高，长期使用温度仅为80℃。

（4）电学性能。由于分子中极性较大，其电性能不如聚乙烯好，其介电常数较大，主要用作高频率绝缘材料。

有机玻璃应用广泛。应用于广告装潢、沙盘模型上，如标牌、广告牌、灯箱的面板和中英字母面板。在照明及采光上常用于灯罩，汽车、轮船、飞机上的窗玻璃及挡风玻璃，仪表窗、展示窗、广告窗、天花板、照明板等。应用在光学仪器上，如各种光学镜片如眼镜、放大镜及透镜等。还可作为信息传播材料如光盘及光纤等。在医学材料方面用于牙科材料如牙托、假牙以及假肢材料等。在日用品上如各种产品模型、标本及工艺美术品等，各种纽扣、发夹、儿童玩具、笔杆及绘图仪器等。

本实验以MMA为单体，在引发剂的存在下，通过本体聚合法，一步制取有机玻璃薄板。在实验中，为了避免因体系黏度增大导致的体系热量积聚、"自动加速现象"可能引起的爆聚反应及聚合体系体积收缩等问题，一般采用预聚合的方法，严格控制反应温度，降低聚合反应速率，从而使聚合反应安全度过"危险期"，进一步提高聚合温度，完成聚合反应。图2-1-1为有机玻璃（PMMA）板材制品。

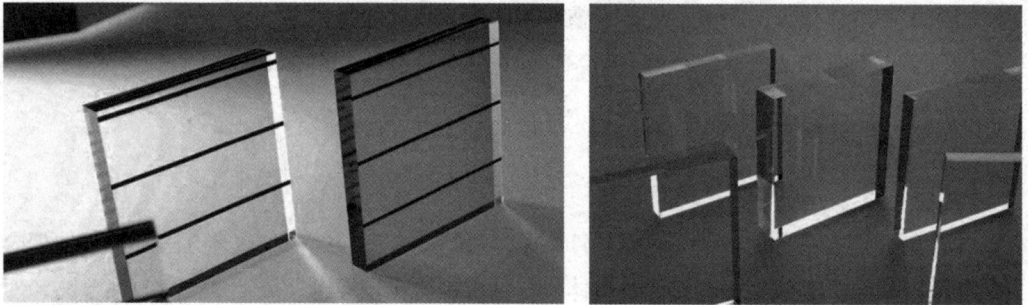

图2-1-1　有机玻璃（PMMA）板材制品

三、仪器和药品

1. 仪器

250mL三口烧瓶（1只），回流冷凝管（1只），水浴锅（1个），电动搅拌器（1套），制模玻璃（2块），大烧杯（1000mL，1只），玻璃试管（2只），水银温度计（0~100℃，2支），电磁炉（1个），铁夹（3个），穿有粗铅丝的橡皮管等。

2. 药品

甲基丙烯酸甲酯（MMA：单体，新蒸馏，60g），过氧化苯甲酰（BPO：引发剂，重结晶，0.2g），邻苯二甲酸二丁酯（DBP：增塑剂，化学纯，3.0g）。

四、实验步骤

1. 制模

将穿有粗铅丝的洁净橡皮管弯成U形。用两块洁净干燥的平板玻璃夹紧U形橡皮管，外面包一层胶带纸，用铁夹固定，从而制备得到简易的有机玻璃模具。最后把模具放入50℃

烘箱内烘 1h。

2. 制浆（预聚）

按图 2-1-2 搭好装置。于洁净干燥的 250mL 三口烧瓶中，按一定配比依次加入 MMA、BPO 和 DBP，搅匀后旋好塞子，将三口烧瓶置于 70 ℃水浴中，逐步升温到 90～92 ℃，维持20 min 左右，随时注意聚合体系黏度的变化。

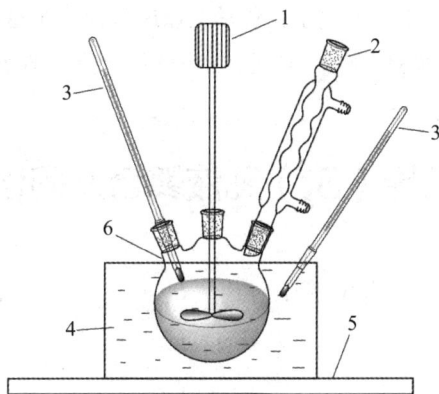

图 2-1-2　反应装置图

1—搅拌器　2—冷凝管　3—温度计　4—水浴　5—台面　6—三口烧瓶

3. 注模

当上述三口烧瓶中的聚合液的黏度（或转化率）达到要求（聚合液黏度呈甘油状）后，立即取出三口烧瓶并擦干外表面，然后将聚合液沿玻璃壁缓缓倒入事先制好的模具中，放入自己准备的修饰物品（如花瓣、树叶、标本等），用包有玻璃纸的另一洁净短橡皮管将模具开口端封住（目的是减少聚合过程中单体的挥发）。

4. 成型

将灌有聚合液的模具放入 50℃烘箱中，烘至不流动后升温（注意：过早升温将导致气泡的产生）到 100～120℃，维持温度 2h，最后关闭烘箱电源，徐徐降至室温。

5. 脱模

去掉模具上的铁夹，放入 70℃水浴中加热 1h，慢慢脱去玻璃片和橡皮管（注意不要硬拉，以免损坏有机玻璃表面），即得嵌有修饰物品（如花瓣、树叶、标本等）的创意有机玻璃平板。

另外，可取一部分预聚浆液倒入小试管中按上述方法制成有机玻璃棒材。也可取一部分浆液倒入试管中，在 90℃下加热聚合，观察自加速作用所引起的爆聚现象。

五、思考题

（1）采用预聚制浆有什么好处？

（2）怎样防止有机玻璃中产生气泡？

（3）写出MMA聚合反应方程式。

（4）若要制得厚5mm、长20mm、宽15mm的有机玻璃平板需要多少单体？

六、参考文献

［1］潘祖仁. 高分子化学［M］. 北京：化学工业出版社，2023：146-147.

［2］何卫东. 高分子化学实验［M］. 合肥：中国科学技术大学出版社，2004：59-60.

实验二　苯乙烯（St）乳液聚合及固含量的测定

（实验时间：6h）

一、目的和要求

（1）通过实验进一步了解乳液聚合的历程，掌握乳液聚合的实验操作。

（2）进一步了解乳液聚合的特点，了解乳液聚合各组分的作用，并与其他聚合方法进行对比。

二、原理

乳液聚合是将单体在乳化剂存在下乳化于介质中而进行的一种聚合方法，所用的分散介质通常是水。当乳化剂浓度超过临界胶束浓度时，乳化剂分子聚集成胶束，水不溶性单体通过疏水相互作用增溶于胶束内核，此现象即为增溶现象。胶束中增溶饱和的单体，剩余单体以微小油滴形式分散于水介质中，形成所谓的单体胶粒，乳化剂吸附于单体油滴表面，阻止油滴聚集。自由基引发剂产生的自由基渗入胶束，在胶束内核中引发单体聚合（当单体溶解度较大，采用水溶性引发剂时，也能在水溶液中引发），胶束中的单体很快聚合为聚合物。单体胶粒犹如单体储库，不断溶解到水相中，继而增溶至聚合胶束中，未发生聚合的其他胶束同样也能提供单体。聚合胶束因而逐渐被聚合物所充满。形成聚合物胶乳。通过加热或加入电介质破坏乳液，凝聚沉析，过滤分离可得到聚合物。

三、仪器和药品

苯乙烯（$C_6H_5CH=CH_2$，新蒸馏，20g），过硫酸钾（$K_2S_2O_8$，化学纯，0.04g），聚乙二醇辛基苯基醚（OP-10，2.1g），十二烷基硫酸钠（0.7g）。

四、实验步骤

按图2-2-1搭好装置。用50mL烧杯称取
2.1g OP-10，另用称量纸称取0.04g过硫酸钾
和0.7g十二烷基硫酸钠置于上述烧杯中，用
量筒取60mL去离子水，先加30mL，用玻璃
棒搅拌至上述混合物充分溶解后，小心转移
到三口烧瓶中，用剩余的水多次冲洗一并加
入三口烧瓶中，启动搅拌。用0.1% NaOH调
节pH≈10后，取另一干净的小烧杯（可集
体共享，减少苯乙烯对环境污染）称取苯乙
烯20g加入三口烧瓶中，打开冷却水，开动
搅拌，升温（速率不宜过快）至70～75℃，
保持1h后升温至80～85℃，再保持1h结束
反应。

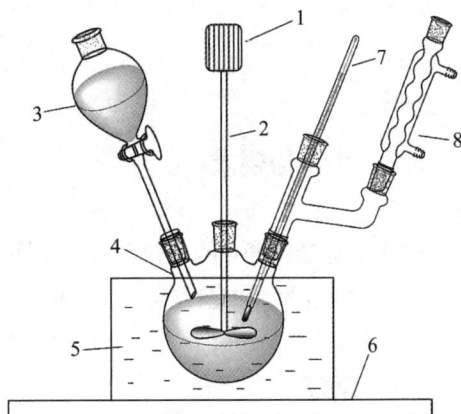

图2-2-1　苯乙烯（St）乳液聚合反应装置图

1—搅拌器　2—搅拌棒　3—加料漏斗　4—三口烧瓶
5—水浴　6—台面　7—温度计　8—冷凝管

关掉加热电源降温（可用水浴冷却）至室温后称取10g于培养皿中放烘箱里干燥、称
重，计算固含量；剩余产物转移至800mL烧杯中，在搅拌下加入150～200mL的食盐水，维
持搅拌（速度适中）逐步加热至沸腾，待观察到粉末状产物（粗细取决于搅拌的速度）析
出后，继续加热5～10min，停止加热，加入200mL去离子水稀释，搅拌数分钟，冷却过滤，
并用去离子水洗至无氯离子存在为止，将产品置于培养皿中，于80℃烘箱中烘至恒重，称
量，计算产率。

五、思考题

（1）乳液聚合的特点是什么？
（2）乳化剂的作用是什么？
（3）讨论影响产率的主要因素。

六、参考文献

［1］潘祖仁. 高分子化学［M］. 北京：化学工业出版社，1996.
［2］何卫东. 高分子化学实验［M］. 合肥：中国科学技术大学出版社，2002.

实验三 聚苯乙烯微球的制备及粒径分析

（实验时间：8h）

一、目的和要求

（1）了解悬浮聚合的历程，掌握悬浮聚合的实际操作。

（2）设计实验配方及方案，制得粒径为 1～2mm 的均匀的聚苯乙烯微球，并做粒径分析。

二、原理

悬浮聚合又称珠状聚合，是在强烈机械搅拌下，将单体或单体混合物分散在与单体不互容的介质中，形成细小的颗粒，并在一定温度下进行聚合反应。一般都用水作为分散介质。在聚合中，基于强烈搅拌分散开的悬浮体系是一个亚稳状态，颗粒发黏时容易凝结成团。为了防止液滴凝聚，常加入一定的分散剂（悬浮剂），如明胶与聚乙烯醇等，可以在单体微珠外形成一层保护胶体。

悬浮聚合实际上是单体小液滴内的本体聚合，在每一个小液滴内的聚合过程与本体聚合是相似的。因此，悬浮聚合又有其自己的特点。由于单体以小液滴形式分散在水中，散热表面积大，水的比热容大，因而解决了散热问题，保证了反应温度的均一性，有利于反应的控制。悬浮聚合的另一个优点是由于采用悬浮稳定剂，所以最后得到易分离、易清洗、纯度高的颗粒状聚合物产物，便于直接成型加工。

可作为悬浮剂的物质有两类：一类是可以溶于水的高分子化合物，如明胶、聚乙烯醇、聚甲基丙烯酸钠等。另一类是不溶于水的无机盐粉末，如硅藻土、钙镁的碳酸盐、硫酸盐和磷酸盐等。悬浮剂的性能和用量对聚合物颗粒大小和分布有很大影响。一般来说，悬浮剂的用量越大，所得聚合物颗粒越细，如果悬浮剂为水溶性高分子化合物，悬浮剂分子量越小，所得的树脂颗粒就越大，因此，悬浮剂分子量的不均一会造成树脂颗粒分布变宽。如果是固体悬浮剂，用量一定时，悬浮剂颗粒越细，所得树脂的颗粒也越小。因此，悬浮剂粒度的不均匀也会导致树脂颗粒大小的不均匀。

为了得到颗粒均匀的珠状聚合物，除了加入合适悬浮剂外，严格控制好搅拌速度也是一个相当关键的问题。随着聚合转化率的增加，小液滴变得很黏，如果搅拌速度太慢，则珠状不规则，且颗粒易发生粘连现象。但搅拌速度太快时，聚合物颗粒又太细。因此，悬浮聚合产品的粒度分布控制是悬浮聚合中一个很重要的问题，搅拌速度要适中，太快会把珠子打得太碎，变成细细的沙粒状，又不能太慢，太慢会结块。

采用悬浮聚合法制备的聚苯乙烯是一种透明的无定形热塑性高分子材料，其分子量分布窄，加工流动性好，适用于模压注塑成型。其制品有较高的透明度、良好的耐热性和电绝缘性。

　　苯乙烯单体在引发剂过氧化二苯甲酰（可溶于苯乙烯单体而不溶于水）的作用下，以水为分散介质，聚乙烯醇为悬浮剂，按自由基型反应历程进行悬浮聚合。

　　聚合反应历程如图2-3-1~图2-3-3所示。产品形态如图2-3-4所示。

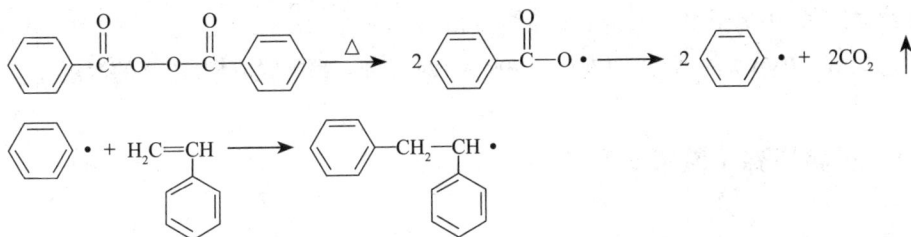

图2-3-1　聚合反应历程（一）

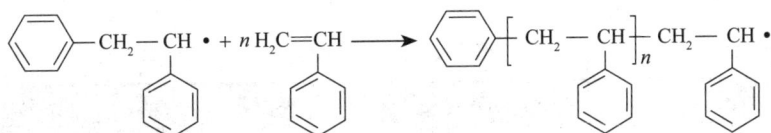

图2-3-2　聚合反应历程（二）

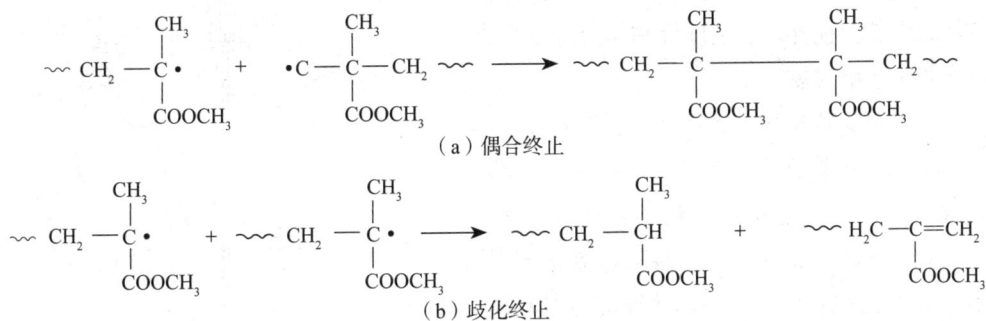

（a）偶合终止

（b）歧化终止

图2-3-3　链终止反应

三、仪器和药品

1.仪器

　　三口烧瓶（250mL，1只），温度计（0~100℃，2支），锥形瓶（100mL，1只），滤纸（数张），球形冷凝管（1支），布氏漏斗（1只），恒温水浴锅（1台），分析天平（1台），电动数显搅拌器（1套），振动筛、筛子（目数：6、8、10、12、16、18，1套），一次性滴管（3mL，数支），量

图2-3-4　聚苯乙烯产品形态

筒（10mL、25mL、100mL，各1支），水循环真空泵（抽滤瓶，1套），漏斗（1只），烧杯（100mL、250mL，各1只），培养皿（1套），塑料洗瓶（500mL，1只）。

2.药品

St（新蒸馏，60℃，41 mmHg），过氧化苯甲酰（BPO，氯仿—甲醇重结晶得到），聚乙烯醇（化学纯），去离子水。

聚乙烯醇（PVA）的型号有1788、1799和124三种，都配置成5%浓度的溶液。

四、实验步骤（参考）

给定苯乙烯30g，反应器用250mL三口烧瓶。依据所学知识及查阅资料进行实验配方和实验方案的设计。实验配方记录在表2-3-1中。

表2-3-1　实验配方

单体/g	水/mL	引发剂/g	5%PVA溶液/mL	转速/（r/min）

（1）按图2-3-5搭好仪器装置。在250mL三口烧瓶中装上搅拌器、温度计和回流冷凝管，三口烧瓶用水浴加热。

（2）按照实验配方用量筒量取去离子水。

（3）100mL烧杯用于苯乙烯的称量，用移液管移取苯乙烯，称量记录到小数点后3位，按照实验配方用分析天平准确称取过氧化苯甲酰置于100mL烧杯中，用玻璃棒搅拌使引发剂溶解均匀。

（4）用玻璃棒引流将上述混合液加入250mL三口烧瓶中，可以分多次用量好的去离子水冲洗100mL烧杯然后加到三口烧瓶中。

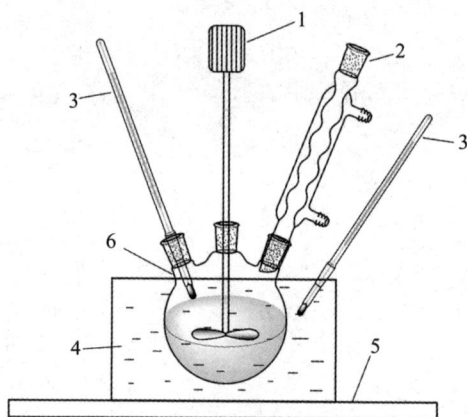

图2-3-5　反应装置

1—搅拌器　2—冷凝管　3—温度计　4—水浴
5—台面　6—三口烧瓶

（5）开启搅拌并调节速度，使液滴直径为1mm左右，逐渐升温至60℃左右，取样（用一次性滴管吸出并放入盛有水的小烧杯内）调整粒子大小。当粒度合适后升温到80～85℃（升温速度为2～3℃/5min），维持反应2～3h，如这时珠体已向下沉，可升温至95～98℃，维持1.5～2h，使珠体进一步硬化（熟化）。

注：在调整粒子大小的过程中，要求粒子由大调小，即要求搅拌由慢调快，不可倒过来；在维持过程中，也要注意搅拌速度的变化，并随时调节，在维持初期仍需取样观察粒子大小，以便及时调整。

（6）反应结束后，停止加热，倾出上层液体，稍冷后，用布氏漏斗过滤，并依次用70~80℃热水、冷水各洗数次，以除去未反应物等杂质，珠体吸干后放入培养皿，于烘箱中烘干，然后进行产品评价，如过筛、称重并计算产率等。

五、产品评价及实验分析

产品评价标准（占60分），实验分析包含：现象分析，产物分析，实验改进方案，失败原因分析等。

1.外观评价，目测（10分）

（1）D档为不合格产物（图2-3-6）（1~2分）。

（2）C档即50%以下为球形颗粒（图2-3-7）（2~3分）。

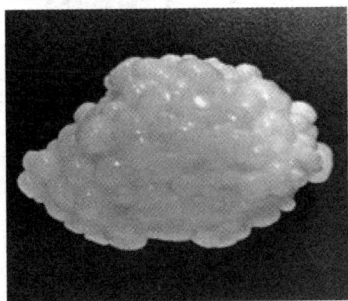

图2-3-6　D档产物图示

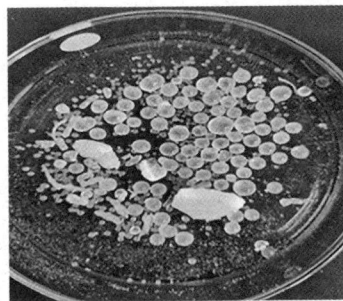

图2-3-7　C档产物图示

（3）B₁档即50%以上为球形颗粒，颗粒较大，不均匀（图2-3-8）（4~5分）。

（4）B₂档即50%以上为球形颗粒，颗粒较小，均匀（图2-3-9）（5~6分）。

图2-3-8　B₁档产物图示

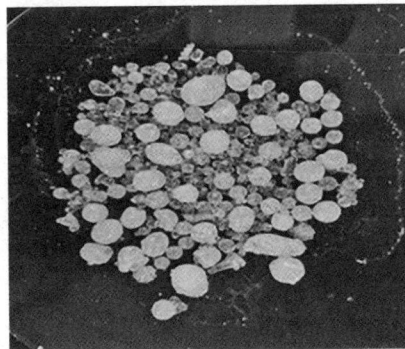

图2-3-9　B₂档产物图示

（5）A档即80%以上为球形颗粒，颗粒较小，均匀（图2-3-10）（7~10分）。

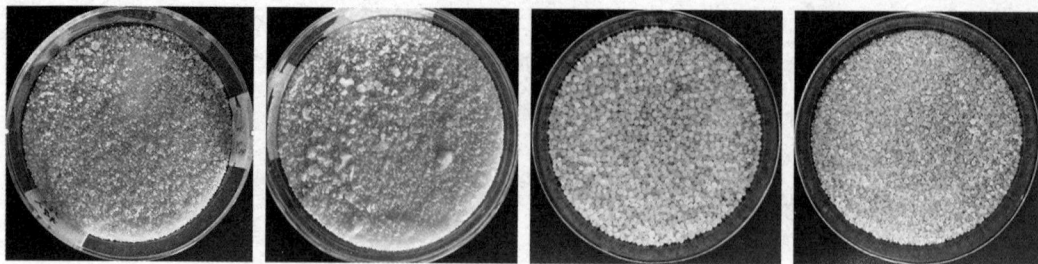

图2-3-10 A档产物图示

2.平均粒径（5分）与粒径分布（5分）

去除块状、团状等产物并过振动筛（图2-3-11）后分别称重，筛网目数：6、8、10、12、16、18；对应孔径为：3.2mm、2.5mm、2mm、1.6mm、1.25mm、1mm，6目筛产物尺寸默认为3.5mm，底层收集盘产物尺寸默认为0.5mm，其他筛网产物按相应尺寸计算。

平均粒径 $=5-4\times$（尺寸-2）^{2}

粒径分布 $=5\times$（$1-$标准偏差）

粒径分布标准偏差算法：

$$S=\{\sum[(d_i-d)^2\times X_i]/(7-1)\}^{1/2}$$

式中：X_i 为尺寸下的质量分数（$X_i<1$），$i=1$，2，…，n；d 为平均粒径；d_i 为单颗粒直径（注：标准偏差数值大于1，该项得分为零分）。

平均粒径与粒径分布的得分不为负数，最低为0。

图2-3-11 振动筛

3.合格产率（30分）

合格产率 $=30\times$ 合格产率百分比

合格产率 $=$ 合格产物/单体总量（合格产物直径范围为：$1mm\leqslant X<3.2mm$）。

4.产率（10分）

产率百分比 $=$ 产品质量/单体质量 $\times100\%$（注：不合格产品计算在内；产品质量是以称量培养皿与产物总重减去空培养皿为标准）

六、思考题

（1）本实验搅拌起什么作用？控制珠体粒径的正确途径是什么？

（2）根据使用体会，结合聚合反应机理，你认为在悬浮聚合过程中，应该特别注意哪些问题？

七、参考文献

［1］潘祖仁. 高分子化学［M］. 北京：化学工业出版社，1996.

［2］何卫东. 高分子化学实验［M］. 合肥：中国科学技术大学出版社，2002.

实验四 聚醋酸乙烯酯（PVAc）的溶液聚合

（实验时间：4h）

一、目的和要求

（1）掌握溶液聚合的特点，加强对溶液聚合的感性认识。

（2）了解VAc的聚合特点。

二、原理

溶液聚合一般具有反应均匀、聚合热易散发、反应迅速、温度易控制以及分子量分布均匀等优点。但在聚合过程中存在向溶剂转移的链转移反应，使产物分子量降低，因此，在选择溶剂时必须注意溶剂的活性。各种溶剂的链转移常数差异很大，水为零，苯较小，卤代烃较大。一般应根据聚合物分子量的要求选择合适的溶剂；另外还要注意溶剂对聚合物的溶解性能，选用良溶剂时反应为均相聚合，可以消除凝胶效应，遵循正常的自由基动力学规律；选用沉淀剂时，则成为沉淀聚合，凝胶效应显著。产生凝胶效应时，反应自动加速，分子量增大；劣溶剂的影响介于其间，影响程度随溶剂的优劣程度和浓度而定。

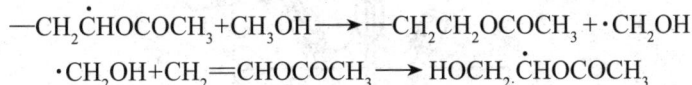

$$—CH_2\overset{\cdot}{C}HOCOCH_3+CH_3OH \longrightarrow —CH_2CH_2OCOCH_3+\cdot CH_2OH$$
$$\cdot CH_2OH+CH_2\!\!=\!\!CHOCOCH_3 \longrightarrow HOCH_2\overset{\cdot}{C}HOCOCH_3$$

本实验以甲醇为溶剂，进行VAc的溶液聚合。根据反应条件，如温度、引发剂量与溶剂等的不同，可得到分子量从2000到几万的PVAc。聚合时，溶剂回流带走反应热，体系温度平稳。但由于溶剂的引入，大分子自由基和溶剂易发生链转移反应使分子量降低。

PVAc适于制造维尼纤维，分子量的控制是关键。由于VAc自由基活性高，容易发生链转移，反应大部分在醋酸基的甲基处，形成支链或交联产物。除此之外，还向单体与溶剂等发生链转移反应。所以在选择溶剂时，必须考虑对单体、聚合物与分子量的影响，从而选取适合的溶剂。

温度对聚合反应也是一个重要的因素。随温度的升高，反应速率加快，分子量降低，同时引起链转移反应速率增加，所以选择适当的反应温度，对保证聚合物的质量也是重要的。

三、仪器和药品

1.仪器

三口烧瓶（250mL，1只），搅拌器（1套），温度计（100℃，2支），量筒（50mL，1支），烧杯（1000 mL，1只），电炉（800W，1台），变压器（1个），瓷盘（1个）。

2. 药品

醋酸乙烯酯（VAc，新鲜蒸馏，沸点为73℃，40mL），甲醇（化学纯，沸点为64～65℃，40mL），偶氮二异丁腈（AIBN，重结晶，0.1g）。

四、实验步骤

按图2-4-1搭好装置。在250mL干燥三口烧瓶上装配搅拌器与球形冷凝管。

将40mL新鲜蒸馏的VAc、0.1g AIBN及10 mL CH₃OH依次加入三口烧瓶中，在搅拌下加热回流，水浴温度控制在65～70℃，反应2h左右。观察反应情况，当体系很黏稠（聚合物完全粘在搅拌轴上时）停止加热，加入30mL CH₃OH再搅拌10min，待黏物稀释后，停止搅拌。然后，将溶液慢慢倒入盛水的瓷盘中，PVAc呈薄膜析出。放置过夜，待膜面不粘手，将其用水反复冲洗，晾干后剪成碎片，放入真空烘箱中干燥，计算产率。

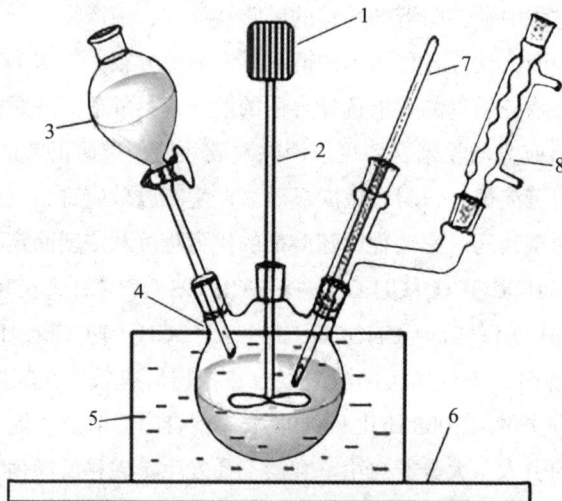

图2-4-1 聚合反应装置图

1—搅拌器　2—搅拌棒　3—加料漏斗　4—三口烧瓶
5—水浴　6—台面　7—温度计　8—冷凝管

五、思考题

（1）溶液聚合的特点及影响因素有哪些？
（2）如何选择溶剂及CH₃OH的作用？

六、参考文献

［1］潘祖仁. 高分子化学［M］. 北京：化学工业出版社，2023：148-149.

［2］何卫东. 高分子化学实验［M］. 合肥：中国科学技术大学出版社，2004：69-70.

［3］涂克华，杜滨阳，杨红梅，等. 高分子专业实验教程［M］. 杭州：浙江大学出版社，2024：34-35.

实验五　涤纶（PET）的制备（线型缩聚）

（实验时间：10h）

一、目的和要求

（1）熟悉线型缩聚反应的一般特点。

（2）掌握涤纶的制备方法和实验技术。

二、原理

涤纶是聚酯纤维的商品名，学名为聚对苯二甲酸乙二醇酯（PET），我国市场上称为"的确良"。它是以对二甲酸二甲酯（DMT）和乙二醇（EG）为主要原料，经缩合聚合得到的高聚物，反应包括酯交换和缩聚反应两个阶段，从而得到高分子量的线型缩聚。其反应式如图2-5-1所示。

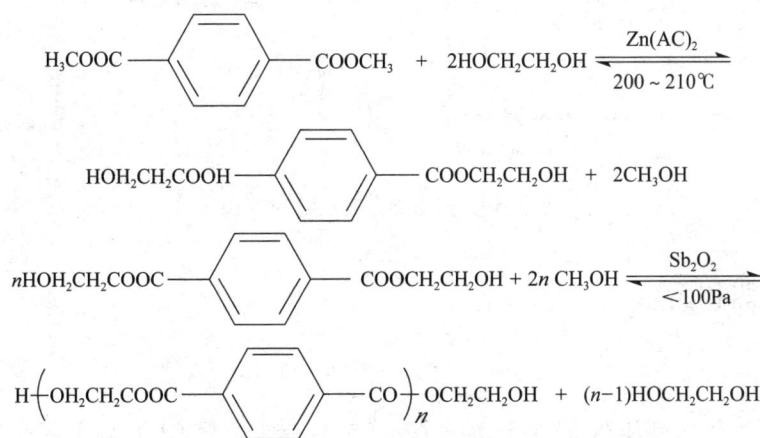

图2-5-1　生成PET的反应式

在反应过程中，其反应条件和物料状态是逐步发生变化的，反应温度逐步提高，体系黏度逐步增加，而压力则逐步下降。酯交换反应黏度较低，甲醇容易逸出，在常压下就可以进行；而在缩聚阶段，随着反应的进行，物料黏度逐步增大，乙二醇逸出就比较困难。因此，除反应温度应逐步提高以加速反应外（不能超过PET的分解温度，一般不超过285℃），还要逐步提高真空度。由于酯缩聚反应是可逆反应，且反应平衡常数又较小，故要得到高分子量的PET，就必须尽可能提高真空度（余压<100Pa）。

要获得高分子量的聚酯树脂，除严格控制反应温度外，在聚合反应中后期保证体系的高真空度是该实验能否成功的关键之一。

在实际生产中工艺要复杂得多，一般为三釜聚合工艺，流程图如图2-5-2所示。

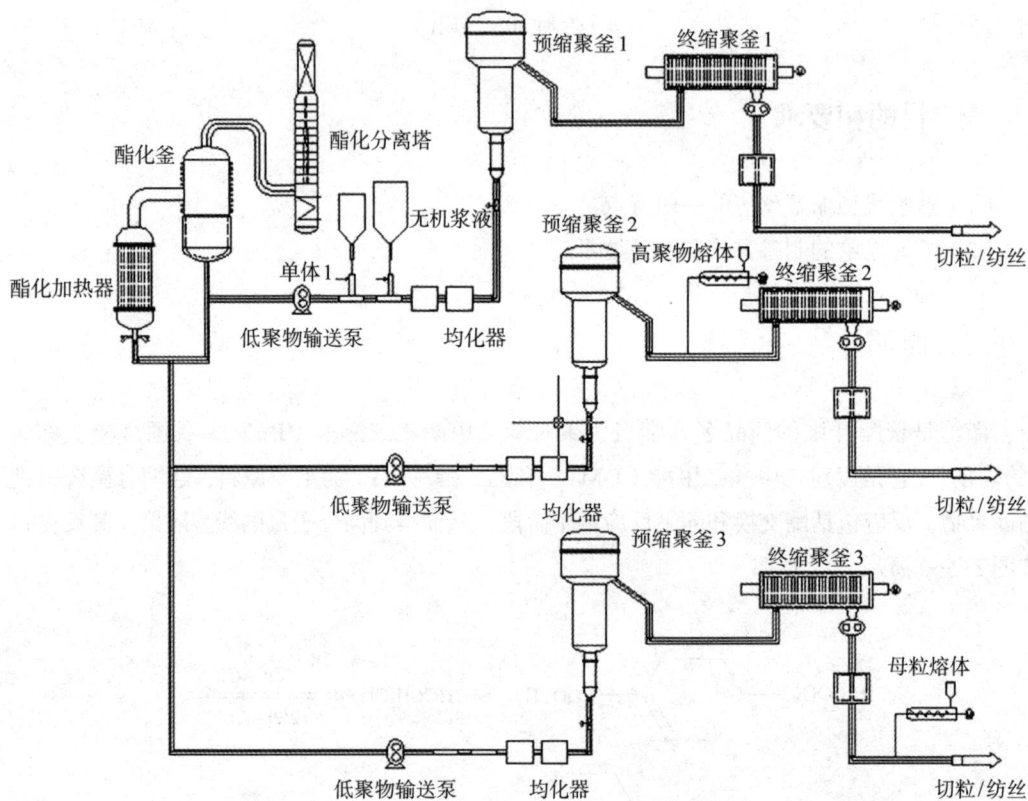

图2-5-2 三釜聚合工艺生产流程图

三、仪器和药品

1. 仪器

电热釜（1个），变压器（2个），缩聚管（1支），玻璃套管（1支），温度计（0～300℃，2支），小电动机（1台），球形冷凝管（1支），刻度试管（1支），移液管（1支），真空系统（1套），搅拌器（1台）。

2. 药品

对二甲酸二甲酯（DMT，熔点≥140℃），乙二醇（新蒸馏），醋酸锌[Zn(Ac)$_2$，分析纯]，三氧化二锑（Sb$_2$O$_3$，分析纯）。

四、实验步骤

1.加料

称取DMT 10g，将其中一半加入聚合瓶中，随后小心地将 Zn(Ac)$_2$ 0.004g、Sb$_2$O$_3$ 0.005g 加入聚合瓶中，再加入剩下的DMT；用移液管移取7.6mL乙二醇加入聚合瓶。加料完毕后，再按图2-5-3搭好实验装置。

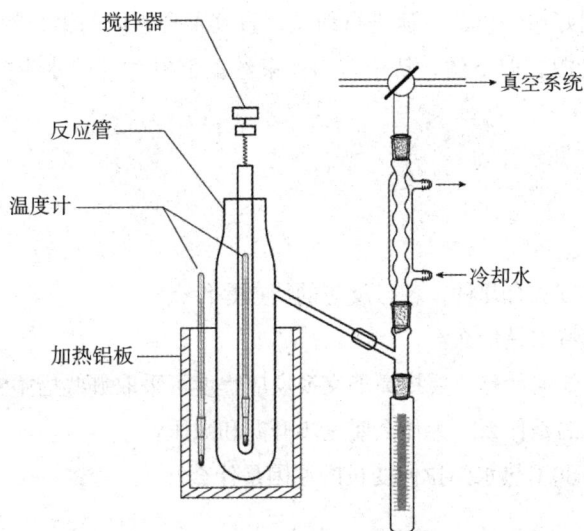

图2-5-3　聚合装置

2.酯交换

检查反应装置正确无误后，开始加热升温，待DMT熔化后开动扭力搅拌。继续升高外温至190～200℃，当内温达到170℃左右即有甲醇馏出，表示酯交换反应开始。维持0.5h后，逐步升温（每10min升2～3℃的速度）至220℃，待甲醇馏出量约为理论量的90%时，即可升温至245～250℃，蒸出残存的甲醇及过量的乙二醇（馏出量为2mL左右），然后进入低真空。

3.预缩聚

以约1℃/min的速度逐步升温至285℃左右；同时开启真空泵减压（旋转三通活塞至三通上），抽真空速度为：

0～400mmHg之间，每5min升100mmHg；

400～700mmHg之间，每5min升50mmHg；

700～740mmHg之间，每5min升20mmHg；

740～760mmHg之间，每5min升10mmHg。

4.缩聚

当调压结束后，正常情况下3～5min后可达133Pa（约1mmHg）左右，至此聚合反应进入高真空阶段。保持系统余压100Pa以下，内温控制在（280±2）℃，继续进行缩聚反应2~2.5h，直至熔体中气泡很难逸出。当搅拌器搅拌困难时，可用手控搅拌，停搅3~5min气泡不消失，此时聚合物黏度已达到要求，可以结束聚合反应。

5.熔体纺丝

当聚合物黏度达到要求后，停止搅拌，维持温度，旋转三通活塞使之断开真空泵系统，反应系统仍然保持真空，用N$_2$恢复反应系统至常压。真空泵系统通大气后关掉真空泵。然后用钳子夹破反应管底部尖口，调节温度使树脂刚刚能成丝自行流出（或可稍压N$_2$），将丝绕在纺丝管上，控制好纺丝机的转速进行纺丝，直到聚合管内的聚合物融体全部纺完为止。纺丝结束后，关掉电源，取下丝，从中取出一束丝置于80℃的热水中拉伸四倍即得聚酯纤维——涤纶。

五、思考题

（1）聚酯的制备方法有几种，各自反应的特点是什么？

（2）缩聚反应的特点是什么？

（3）酯交换程度如何计算？要提高酯交换反应程度可采取哪些措施？

（4）预缩聚的目的是什么？为什么要逐步升温和减压？

（5）抽得的丝在80℃热水中拉伸变长的原因是什么？

六、参考文献

［1］潘祖仁.高分子化学［M］.北京：化学工业出版社，2023：41-43.

［2］何卫东.高分子化学实验［M］.合肥：中国科学技术大学出版社，2004：33-70.

［3］涂克华，杜滨阳，杨红梅，等.高分子专业实验教程［M］.杭州：浙江大学出版社，2024：29-31.

实验六　低交联度聚丙烯酸钠的制备

（实验时间：8h）

一、目的和要求

（1）合成水溶胀性聚合物——低交联度聚丙烯酸钠。

（2）了解逆向悬浮聚合的聚合方法。

二、原理

将丙烯酸和少量二烯烃单体在引发剂存在下进行聚合反应可制得低交联度聚丙烯酸钠。丙烯酸盐的聚合速度很快，在水溶液中进行聚合时，体系黏度相当高，如果温度控制不当，则易引起爆聚而形成在水中极难溶胀的高交联度聚合物。采用较高浓度的水溶液与水溶性引发剂一起分散于有机溶剂中，控制所形成的逆向悬浮液的聚合反应（即聚合从浓的单体水溶液开始的），可得到自身交联的水溶胀性高聚物。

水溶胀性高聚物是一类含有强亲水基团的聚合物，它可作为高吸水性材料，传统的吸水性材料如棉花、泡沫塑料、纸张等，只能吸收自重的几倍水，而合成的高吸水性材料，其吸水量可达数百倍到上千倍。它是一种新型功能高分子材料，已在卫生制品、农业、园林、工业、土木建筑、保鲜、医药、日用化工与电子工业等方面获得了较广泛的应用。

吸水后聚合物的重量除以干粉（聚合物）的重量，为聚合物的吸水能力，通常产物的吸水率可用下式计算：

产物吸水率 = 吸水后聚合物重量（g）/聚合物干重（g）× 100%

交联剂的性质和用量、丙烯酸的中和程度及溶胀时间等因素，对产物的吸水率都有较大影响。

三、仪器和药品

1. 仪器
250mL 三口烧瓶，水浴，烧杯（三只），红外干燥箱，筛子（20～60目），尼龙纱布。

2. 药品
丙烯酸，NaOH 溶液（18%），司盘60，N, N-甲基双丙烯酰胺，过硫酸钾（$K_2S_2O_8$），OP 乳化剂。

四、实验步骤

（1）在 250mL 三口烧瓶上装配搅拌器、温度计与回流冷凝管，加入 10mL 丙烯酸，开动搅拌器，慢慢滴入 18% NaOH 溶液 20mL，然后依次加入司盘60 0.6g，N, N-甲基双丙烯酰胺 0.006g 与 $K_2S_2O_8$ 0.018g，再加入正己烷 45mL。反应装置如图 2-6-1 所示。

（2）加热升温至 60～62℃，维持回流 2.5～3h，降温至 40℃左右，将混合物倒入 250mL 烧杯中，倾入上层正己烷（回收）。

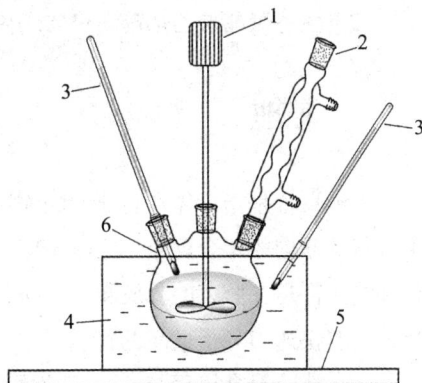

图 2-6-1 反应装置
1—搅拌器 2—冷凝管 3—温度计
4—水浴 5—台面 6—三口烧瓶

（3）往聚合物中渐加0.3～0.5mL OP乳化剂，充分搅拌至聚合物成分散固体，然后于红外灯下烘烤，注意温度不宜太高，否则容易导致产物变黄变焦。

（4）在研钵中将烘干后的聚合物研碎，过筛20～60目。

（5）称取上述20～60目样品0.1g，放在100mL小烧杯中，加入蒸馏水60～70mL，溶胀0.5～2h，同时轻轻搅动，然后倒入已称重的尼龙纱布上过滤，让其自然滴滤15～30min，连同滤布一起称重，计算产物的吸水率。

五、思考题

（1）逆向悬浮聚合与常规悬浮聚合有何区别？

（2）司盘60的化学结构是什么？在该实验中起到什么作用？

六、参考文献

［1］潘祖仁. 高分子化学［M］. 北京：化学工业出版社，2023：150-153.

［2］何卫东. 高分子化学实验［M］. 合肥：中国科学技术大学出版社，2004：71-72.

实验七　聚醋酸乙烯酯（PVAc）胶乳的制备

（实验时间：6h）

一、目的和要求

（1）了解乳液聚合的特点、配方及各组分的作用。

（2）熟悉聚醋酸乙烯酯（PVAc）胶乳的制备及用途。

二、原理

乳液聚合是指单体在乳化剂的作用下分散在介质中，加入水溶性引发剂，在搅拌或振荡下进行的非均相聚合反应。它既不同于溶液聚合，也不同于悬浮聚合。乳液聚合的引发、增长和终止都是在胶束的乳胶粒内进行，单体液滴只是单体的储库。反应速率主要决定于粒子数，具有快速与分子量高的特点。

VAc乳液聚合机理与一般乳液聚合相同，采用过硫酸盐为引发剂。为使反应平稳进行，单体和引发剂均需分批加入。聚合中常用的乳化剂是PVA。实际中还常把两种乳化剂合并使用，乳化效果和稳定性比单独用一种好。本实验采用聚乙烯醇和OP-10两种乳化剂。

PVAc胶乳漆具有水基漆的优点，黏度小、分子量较大和不用易燃的有机溶剂。作为黏合剂时（俗称白胶），可用于木材、织物和纸张等黏结。

三、仪器和药品

1. 仪器

搅拌器（1套），电炉（300W，1个），三口烧瓶（250mL，1只），滴液漏斗（50mL，1支），Y形管，球形冷凝管，温度计（100℃，1支），量筒（100mL、50mL、10mL各1支），烧杯（100mL、50mL、25mL，各1只），玻璃棒（1根）。

2. 药品

乙酸乙烯酯（沸点73℃），过硫酸铵（化学纯），聚乙烯醇（PVA，化学纯），乳化剂OP-10（烷基酚的环氧乙烷缩合物），邻苯二甲酸二丁酯（化学纯），碳酸氢钠（化学纯）。

四、实验步骤

在装有搅拌器、回流冷凝器、滴液漏斗及温度计的三口烧瓶中加入乳化剂（6g PVA与1g OP-10溶于78mL蒸馏水中）与21.5mL VAc。待乳化剂全部溶解后，称1g过硫酸铵，用5mL水溶解于小烧杯中，将此溶液的一半倒入反应瓶内，开动搅拌，加热水浴，反应温度在65~70℃。然后用滴液漏斗滴加32mL VAc（滴加速度不宜过快），加完后把剩下的过硫酸铵加入三口烧瓶中，继续加热，使之回流，逐步升温（升温速率以不产生大量泡沫为准）至80℃，维持反应，直至无回流为止。停止加热，冷却到50℃后，加入5mL碳酸氢钠水溶液0.005g/mL，再加入8mL邻苯二甲酸二丁酯，搅拌冷却后，即成白色乳液。也可以水稀释并混入色浆制成各种颜色的油漆。聚合装置如图2-7-1所示。

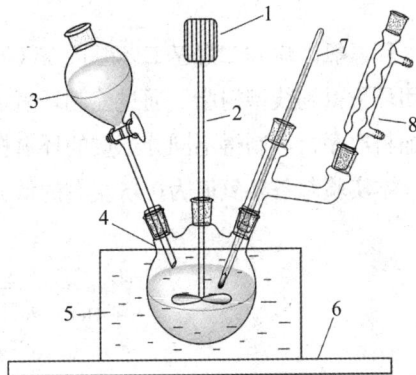

图2-7-1　聚合装置
1—搅拌器　2—搅拌棒　3—加料漏斗　4—三口烧瓶
5—水浴　6—电炉　7—温度计　8—冷凝管

五、思考题

（1）比较乳液聚合、溶液聚合与悬浮聚合的反应特点。

（2）乳化剂的作用是什么？

（3）本实验操作应注意哪些问题？

六、参考文献

［1］潘祖仁. 高分子化学［M］. 北京：化学工业出版社，2023：150.

［2］何卫东. 高分子化学实验［M］. 合肥：中国科学技术大学出版社，2004：33-70.

［3］涂克华，杜滨阳，杨红梅，等. 高分子专业实验教程［M］. 杭州：浙江大学出版社，2024：29-31.

实验八　环氧树脂的制备

（实验时间：6h）

一、目的和要求

（1）掌握低分子量环氧树脂的制备条件。

（2）了解环氧树脂测定和计算方法。

二、原理

环氧氯丙烷和二烃基二苯基丙烷（双酚A）在氢氧化钠的催化作用下，不断地进行开环和闭环，得到线型树脂。通过控制环氧氯丙烷和双酚A的摩尔比、温度条件、氢氧化钠浓度和加料次序，可制得不同分子量的环氧树脂。其反应式如图2-8-1所示。

本实验制备环氧值为0.45左右的低分子量环氧树脂。

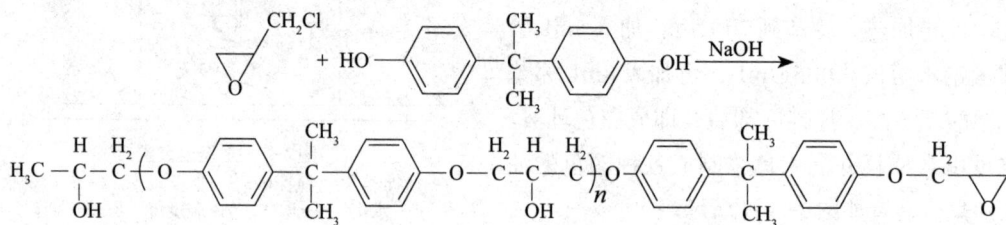

图2-8-1　制备环氧树脂的反应式

三、仪器和药品

1. 仪器

搅拌器，搅拌棒，滴液漏斗，三口烧瓶，水浴装置，电炉，温度计，Y形管，冷凝管，分液漏斗，真空蒸馏装置（1套），测定环氧值分析工具（1套）。

2.药品

双酚A（工业，1mol），环氧氯丙烷（工业，相对密度1.18，3.5mol），氢氧化钠（工业，配成30%溶液），甲苯（工业，30mL），蒸馏水（15mL）。

四、实验步骤

实验装置如图2-8-2、图2-8-3所示。

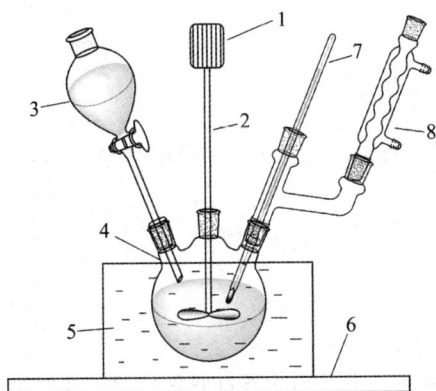

图2-8-2　聚合装置（一）　　　　　　　　　图2-8-3　聚合装置（二）

1—搅拌器　2—搅拌棒
3—加料漏斗　4—三口烧瓶　5—水浴
6—台面　7—温度计　8—冷凝管

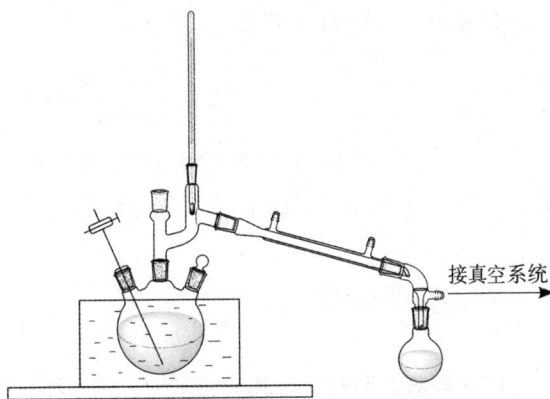

将11.4g双酚A（0.05mol）放于三口烧瓶内，量取环氧氯丙烷14mL倒入瓶内，装上搅拌器、滴液漏斗、冷凝管及温度计，开动搅拌，升温到55～65℃，待双酚A全部溶解后，将20mL 30% NaOH溶液置于50mL滴液漏斗中，自滴液漏斗慢慢滴加氢氧化钠溶液至三口烧瓶中（开始滴加要慢些，环氧氯丙烷开环是放热反应，反应液温度会自动升高），保持温度在60～65℃，约1.5h内滴加完毕。然后保温30min，倾入30mL甲苯与15mL蒸馏水，搅拌成溶液，趁热倒入分液漏斗中，静置分层，除去水层。

将树脂溶液倒回三口烧瓶中，装置如图2-8-2所示，进行真空蒸馏除去甲苯和未反应的环氧氯丙烷。加热，开动真空泵（注意馏出速度），蒸馏到无馏出物为止，控制最终温度不超过110℃，得到黄色透明树脂。

五、环氧值的测定方法

环氧值是指每100g树脂中含环氧基的当量数，它是环氧树脂质量的重要指标之一，也是计算固化剂用量的依据。分子量增大，环氧值就相应降低，一般低分子量环氧树脂的环氧值为0.48～0.57。

分子量小于1500的环氧树脂，其环氧值测定用盐酸—丙酮法。反应式为：

称0.5g树脂（称量准确到千分之一）于三角瓶中，用移液管加入20mL丙酮盐酸溶液，微微加热，使树脂充分溶解后，在水浴上回流30min，冷却后用0.1mol/L氢氧化钠溶液滴定，以酚酞作指示剂，并做一空白试验。

环氧值（当量/100g树脂）E按下式计算：

$$E = \frac{(V_0 - V_2)N}{1000W} \times 100 = \frac{(V_0 - V_2)N}{10W}$$

式中：V_0为空白滴定所消耗的NaOH溶液毫升数；V_2为样品测试所消耗的NaOH溶液毫升数；N为NaOH溶液的当量浓度；W为树脂重量（g）。

六、参考说明

（1）环氧树脂所含环氧基的多少，除用环氧值表示外，还可用环氧百分含量或环氧当量表示。

环氧百分含量：每100g树脂中含有的环氧基克数。

环氧当量：相当于一个环氧基的环氧树脂重量（g），三者之间有如下互换关系。

环氧值＝环氧值（％）：环氧值分子量=1：环氧当量

（2）盐酸—丙酮溶液配制。将2mL浓盐酸溶于80mL丙酮中，均匀混合即成（现配现用）。

七、思考题

（1）环氧树脂的反应机理及影响合成的主要因素是什么？

（2）什么叫环氧当量及环氧值？

（3）试将50g自己合成的环氧树脂用乙二胺固化，如果乙二胺过量10%，则需要等当量的乙二胺多少克？

八、参考文献

［1］潘祖仁. 高分子化学［M］. 北京：化学工业出版社，2023：52-53.

［2］何卫东. 高分子化学实验［M］. 合肥：中国科学技术大学出版社，2004：33-70.

［3］涂克华，杜滨阳，杨红梅，等. 高分子专业实验教程［M］. 杭州：浙江大学出版社，2024：36-38.

实验九　界面缩聚法制备尼龙610

（实验时间：6h）

一、目的和要求

（1）了解界面缩聚的原理及特点。
（2）掌握癸二酰氯的制备方法。
（3）掌握界面缩聚制备尼龙610的方法。

二、原理

界面缩聚的基本反应是Schotten-Baumann反应，为低温常压下制备聚酰胺的方法之一。其反应方程式如下：

$$nH_2N(CH_2)_6NH_2+nClOC(CH_2)_8COCl \longrightarrow \{NH(CH_2)_6NHCO(CH_2)_8CO\}_n+2nHCl$$

将癸二酰氯溶于有机相（如四氯化碳、氯仿等），己二胺溶于水相，并在水中加入适量的碱作为酸的接受体。当互不相容的有机相和水接触时，在稍偏向有机相的界面处立即发生缩聚反应，生成的聚合物不溶于任何一相而沉淀出来，产生的小分子氯化氢被水中的碱中和。因此这是一种不可逆的非平衡缩聚反应。将界面处的薄膜拉起，或在高剪切速率下搅拌，不断移去界面薄膜，直至其中一相反应物耗尽为止。

二元酰氯是高反应活性的单体，二元胺含有活泼氢，它们之间发生酰胺化反应的速度远远超过二胺向有机相扩散的速度，以及二酰氯向界面扩散的速度，因此在界面处反应程度最佳，也不严格要求反应物官能团之间以等量比加料，产物的分子量比一般熔融缩聚物要高得多，而且无副反应。产物可溶于间甲苯酚、甲酸等溶剂中。尼龙610的吸湿性比尼龙6及尼龙66为低，且有较好的韧性和力学性能。

对于高温不稳定的单体，不能用高温熔融缩聚来制备其聚合物，可以用界面缩聚法，但是由于需制备二元酰氯及使用大量有机溶剂，成本比较高。目前用界面缩聚方法制备聚碳酸酯已工业化。

二元酰氯易水解，难贮运，在实验室中用相应的二元酸与二氯亚砜反应来制取。其反应方程式如下：

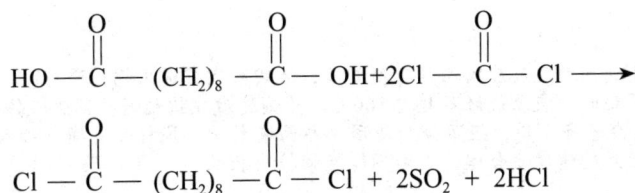

$$HO-\overset{O}{\underset{\|}{C}}-(CH_2)_8-\overset{O}{\underset{\|}{C}}-OH+2Cl-\overset{O}{\underset{\|}{C}}-Cl \longrightarrow$$

$$Cl-\overset{O}{\underset{\|}{C}}-(CH_2)_8-\overset{O}{\underset{\|}{C}}-Cl + 2SO_2 + 2HCl$$

三、仪器和药品

1. 仪器

干燥管，圆底烧瓶，球形冷凝管，直形冷凝管，蒸馏头，克氏冷凝管，接收管，毛细管，烧杯，水浴装置，油浴装置，减压蒸馏装置。

2. 药品

稀盐酸，癸二酸（化学纯），己二胺，亚硫酰氯，四氯化碳（干燥），NaOH。

四、实验步骤

实验装置如图2-9-1和图2-9-2所示。

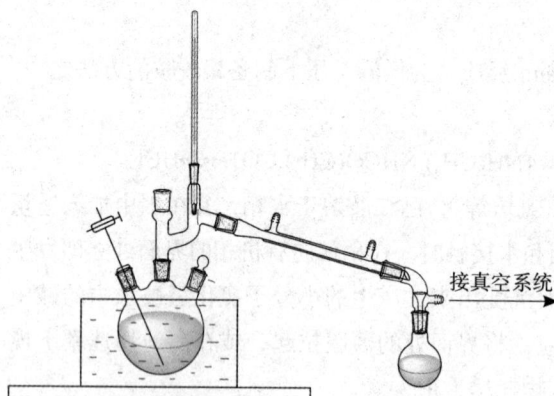

图2-9-1 二元酰氯制备装置

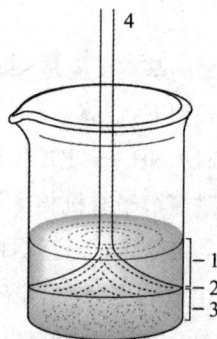

图2-9-2 界面缩聚示意图
1—己二胺水溶液 2—聚酰胺膜
3—癸二酰氯四氯化碳 4—聚酰胺长线

1. 癸二酰氯的制备

将干燥的仪器按图2-9-1装好[1]。将61g（0.3mol）癸二酸和150g（1.26mol）亚硫酸氯加入250mL圆底烧瓶内，加热回流2h左右，至无气体放出为止（用湿pH试纸检验）。然后常压下蒸出残留的亚硫酰氯，再减压蒸馏。收集124℃/66.66P或142℃/266.6P的无色液体馏分[2]，用翻口橡皮塞塞紧，称重，计算产率。

2. 界面缩聚（拉丝法）

在一只100mL的大烧杯中，加入2.52g（0.02mol）的己二胺和3.0g（0.75mol）NaOH，溶于50mL蒸馏水中，在另一只100mL烧杯中加入50mL四氯化碳[3]，用注射器抽取2.0mL（2.24g，0.009mol）癸二酰氯，溶于四氯化碳溶液中。将上述两溶液混合，如图2-9-2

---

[1] 由于本实验中所用的原料及反应物均具有刺激性，故实验宜在通风橱内进行。
[2] 癸二酰氯在减压蒸馏时，液温最好不超过160℃。蒸馏速度越快越好，不然液体变暗棕色，产率低。
[3] 四氯化碳需用4Å分子筛干燥，经蒸馏后使用。界面缩聚中，烧杯要洗净。加入碱量要足够，各相中溶液的浓度及拉丝的速度要合适，否则不能连续拉出长丝。

所示，这时在界面处立即形成聚酰胺薄膜。用干净的镊子轻轻拉出膜，将它绕在铁框上或滚筒上，连续不断地拉出使其成为长线，直至一相中的原料耗尽为止。然后用3%的盐酸水溶液洗涤长线使反应终止，再用水洗净，晾干，在80℃真空烘箱中干燥2h以上，得白色尼龙610薄膜长线。称重并计算产率。

五、思考题

（1）界面缩聚的特点是什么？
（2）为了得到高分子量的尼龙610，在实验中应注意哪些问题？

六、参考文献

[1]潘祖仁. 高分子化学［M］. 北京：化学工业出版社，2023：44-46.
[2]涂克华，杜滨阳，杨红梅，等. 高分子专业实验教程［M］. 杭州：浙江大学出版社，2024：39-41.

实验十　聚乙烯醇（PVA）缩醛反应

（实验时间：6h）

一、目的和要求

（1）了解PVA缩醛反应的原理。
（2）掌握PVA缩醛的制备方法。

二、原理

PVA缩醛是PVA与醛类在酸性介质中进行缩醛化反应而制得的。本实验是用PVA与甲醛在盐酸存在下进行缩醛反应制备PVA缩醛。其反应式如下：

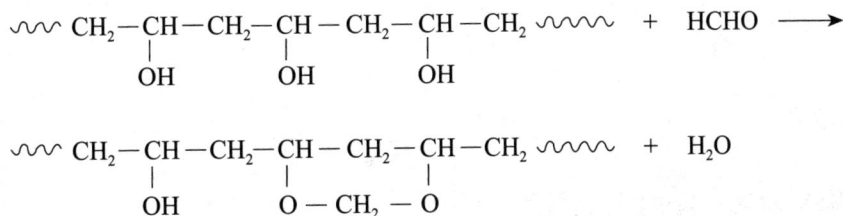

$$\sim CH_2-CH-CH_2-CH-CH_2-CH-CH_2\sim \quad + \quad HCHO \longrightarrow$$
$$\underset{OH}{|}\underset{OH}{|}\underset{OH}{|}$$

$$\sim CH_2-CH-CH_2-CH-CH_2-CH-CH_2\sim \quad + \quad H_2O$$
$$\underset{OH}{|}\underset{O-CH_2-O}{|}$$

PVA缩醛的物理和化学性质取决于PVA的分子量、醛的化学结构和缩醛化程度等。PVA是水溶性高聚物，随着缩醛度的增加，水溶性变差。控制缩醛度在35%左右（不溶于水）可制成维纶纤维；缩醛度较低的PVA缩甲醛可制备绝缘漆和胶黏剂。本实验是制备水溶性PVA缩甲醛，在反应中须控制较低的缩醛度，使产物保持水溶性。因此，反应物组分的比例、催化剂的用量及反应条件（温度、时间）等必须严格控制。反应后聚合物溶液呈酸性，要加入氢氧化钠溶液中和，调整溶液的pH。

三、仪器和药品

1.仪器

三口烧瓶（250mL，1只），冷凝管（1支），搅拌器（1套），温度计（100℃，1支），变压器（1kV·A、0.5kV·A各1支），烧杯（400mL，2~3只），玻璃棒（2根），量筒（10mL 3支，100mL 1支），天平（1台），滴管（1只），洗耳球（2个）。

2.药品

PVA，甲醛水溶液（37%），浓盐酸，尿素水溶液（50%），氢氧化钠水溶液（10%），pH试纸。

四、实验步骤

（1）按图2-10-1搭好实验装置。

（2）在三口烧瓶中加入160mL水，并加热到70℃。

（3）开动搅拌，加入PVA 20g，升温到90~95℃，使PVA溶解。

（4）PVA溶解后，降温到85℃，然后加入浓盐酸1.3g，搅拌均匀后，测定溶液的pH（一般应为2左右）。

（5）缓慢加入甲醛水溶液8g，维持反应温度85~88℃，随着反应的进行，体系黏度增大，逐渐变稠，当有絮状物产生时（约1h），立即用氢氧化钠溶液调节反应物的pH。pH调到5时，加入尿素水溶液3.6g，再继续反应30min。

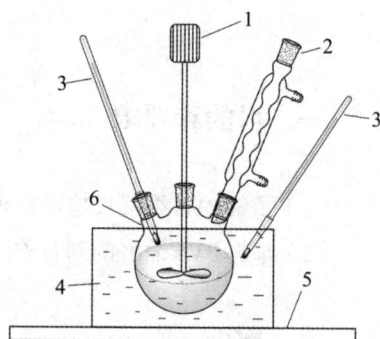

图2-10-1 聚合装置
1—搅拌器 2—冷凝管 3—温度计
4—水浴 5—台面 6—三口烧瓶

（6）加入适量的氢氧化钠溶液，调节反应物pH为7~7.5，搅拌降温到40~45℃即可出料，测定产物表观黏度。

五、思考题

（1）影响PVA缩醛反应的因素有哪些？

（2）如何控制缩醛反应的终点？

（3）加入尿素的目的是什么？

六、参考文献

［1］潘祖仁．高分子化学［M］．北京：化学工业出版社，2023：52-53.

［2］何卫东．高分子化学实验［M］．合肥：中国科学技术大学出版社，2004：110-111.

［3］涂克华，杜滨阳，杨红梅，等．高分子专业实验教程［M］．杭州：浙江大学出版社，2024：42-43.

实验十一　聚苯胺的制备和导电性的观察

（实验时间：6h）

一、实验目的

（1）了解共轭高分子和导电高分子。

（2）掌握聚苯胺的合成方法。

二、实验原理

导电高分子是指经化学或电化学掺杂后可以由绝缘体向导体或半导体转变的含 π 电子共轭结构的有机高分子的统称。从1977年日本筑波大学白川（Shirakawa）教授发现掺杂聚乙炔（PA）呈现金属特性至今，相继发现的导电高分子有聚对苯（PPP）、聚吡咯（PPY）、聚噻吩（PTH）、聚苯胺（PANI）和聚对苯乙烯（PPV）。由于导电高分子具有特殊的结构和优异的物化性能，使其在电子工业、信息工程、国防工程及其新技术的开发和发展方面都具有重大的意义。其中聚苯胺因具有原料易得、合成工艺简单、化学及环境稳定性好等特点而得到了更加广泛的研究和开发，并在许多领域显示出了广阔的应用前景。

聚苯胺发现较早，但近几年才发现它优良的导电性。聚苯胺结构多样、空气稳定性和耐热性好、电导率优良、原料价格低，易制成柔软坚韧的膜且价廉易得，又可进行溶液和熔融加工，再加上其独特的化学和电化学性能，已成为最有应用价值的导电高分子材料之一，电导率可达 $10^{-10} \sim 10^2 S/cm$ 数量级。聚苯胺还可用作防腐蚀涂料、抗静电和电磁屏蔽材料、二次电池的电极材料、特殊分离膜、高温材料、太阳能材料等。

聚苯胺的合成方法主要有化学氧化聚合、电化学聚合等方法。这些聚合方法各有特点，聚合时间长短不一。电化学方法适宜小批量合成特种性能聚苯胺，用于科学研究；化学方法适宜大批量合成聚苯胺，易于工业化生产。经典的化学法聚合一般是在酸性水溶液中使苯胺氧化聚合，采用的氧化剂主要有$(NH_4)_2S_2O_8$、$K_2Cr_2O_7$、H_2O_2、$FeCl_3$等。阿马斯（Armers）和曹（Cao）等对苯胺的聚合条件进行了研究和优化，认为$(NH_4)_2S_2O_8$是最理想的氧化剂，而且，控制苯胺单体与氧化剂的物质的量比为1∶1时，可获得高产率、高分子量和高电导率的聚苯胺。因而，目前大多数研究小组都采用与苯胺等物质的量的$(NH_4)_2S_2O_8$作为氧化剂。

化学氧化聚合机理：化学氧化聚合法合成聚苯胺的反应大致可分为3个阶段：链诱导和引发期、链增长期、链终止期。在苯胺的酸性溶液中加入氧化剂，则苯胺将被氧化为聚苯胺。在诱导阶段生成二聚物，然后聚合进入第二阶段，反应开始自加速，沉淀迅速出现，体系大量放热，进一步加速反应直至终止。聚苯胺的低聚物是可以溶于水的，因此初始时反应在水溶液中进行。苯胺的高聚物不溶于水，因此高聚物大分子链的继续增长是界面反应，反应在聚苯胺沉淀物与水溶液的两相界面上进行（图2-11-1）。

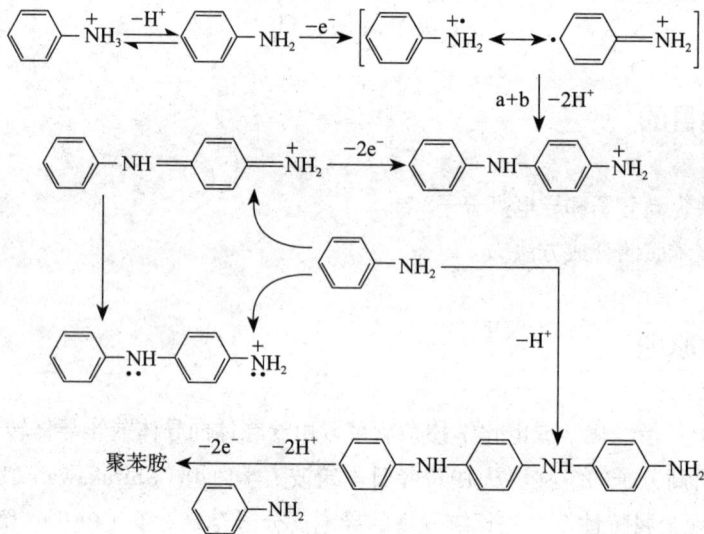

图2-11-1　聚合机理

聚苯胺的导电性取决于聚合物的氧化程度和掺杂度，聚苯胺在掺杂前后的结构变化如图2-11-2所示。当pH＞4时，聚苯胺为绝缘体，导电率与pH无关；当2＜pH＜4时，导电率随pH增加而迅速变大，直接原因是掺杂程度提高；当pH＜2时，聚合物呈金属特性，导电率与pH无关。

本实验主要是采用直接化学氧化聚合法，以过硫酸铵作为氧化剂，通过改变掺杂酸的种类、氧化剂的用量、反应温度以及反应时间来确定最佳的反应条件，使反应所得的产物兼具良好的电导率和溶解性，且产物的产率相对较高。并用红外光谱表征掺杂聚苯胺的特性。

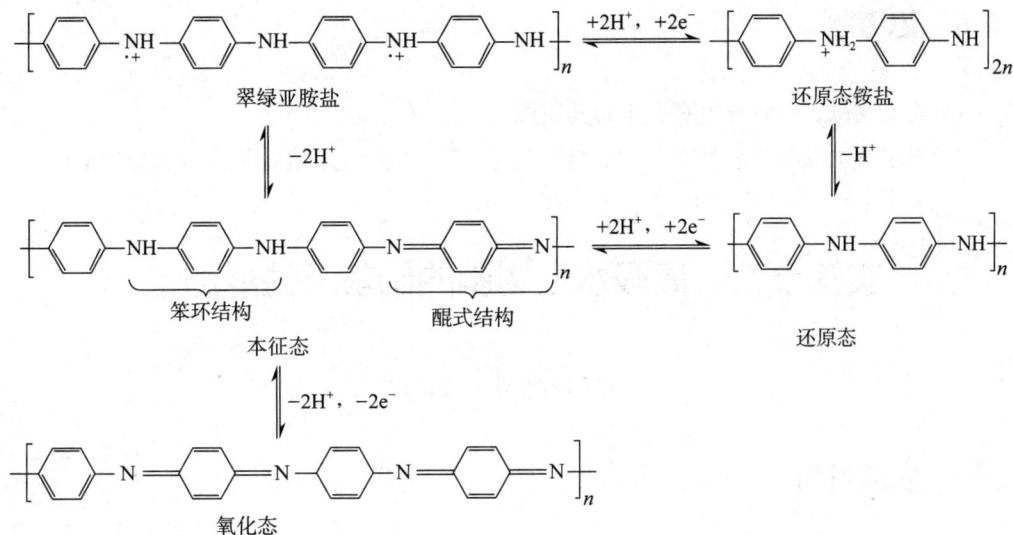

图2-11-2 聚苯胺在掺杂前后的结构变化图

三、仪器和药品

1. 仪器

250mL圆底烧瓶，DF-101S集热式恒温加热磁力搅拌器，恒压滴液漏斗（图2-11-3），IMS-200型制冰机，YP-2型压片机，SDY-4型数字式四探针电导率测试仪，Vertex 70型FT-IR光谱仪。

2. 药品

苯胺（An）、过硫酸铵（APS）、盐酸。

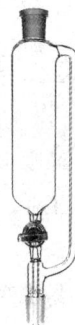

图2-11-3 恒压滴液漏斗

四、实验步骤

（1）配制稀盐酸溶液：17mL 36%浓盐酸+100mL蒸馏水。

（2）向圆底烧瓶中加入4.7mL苯胺和50mL 2mol/L HCl溶液，并在冰水浴5℃下搅拌。

（3）取11.4g过硫酸铵加25mL去离子水溶解，加入恒压滴液漏斗里，逐滴加入圆底烧瓶（控制25min左右滴完），保持体系温度5℃以下。

（4）继续反应1h，抽滤，用水洗涤。

（5）将产品用剩余HCl掺杂反应1h，过滤，干燥，称重。

（6）把干燥的掺杂聚苯胺研磨成粉末，在1MPa压力下制成圆片，观察其导电情况。采用SDY-4型数字式四探针电导率测试仪对干燥好的聚苯胺粉末压片进行电导率的测量。采用Vertex型FT-IR光谱仪对掺杂态聚苯胺测定红外谱图。

五、思考题

（1）查阅文献，了解导电高分子及其应用。

（2）电子导电高分子应具有怎样的结构？为了使其能导电，还需要采取怎样的措施？

实验十二 高吸水性树脂的制备及性能测定

（实验时间：12h）

一、实验目的

（1）掌握高吸水树脂反相悬浮制备的方法和性能测试。

（2）了解高吸水树脂的结构和吸水机理。

二、实验原理

高吸水树脂（superabsorbent resins）由于其具有优异的吸水和保水功能而被广泛用于农业、工业、医药、食品、卫生等领域。高吸水树脂主要有淀粉（纤维素）接枝丙烯酸和聚丙烯酸盐类。淀粉类（纤维素）树脂具有良好的降解性，主要用于农、林业。其缺点是稳定性低、易霉变。聚丙烯酸盐类高吸水树脂具有高的吸水、保水功能，且制备工艺相对简单，稳定性高、不易霉变，目前市场上主要是聚丙烯酸盐类高吸水树脂，尤其在卫生领域。聚丙烯酸盐类高吸水树脂主要采用水溶液聚合法和反向悬浮聚合法，水溶液聚合法聚合后得到凝胶，需经切碎、烘干、粉碎和过筛、表面处理等，耗能大，且由于溶剂链转移影响分子量的提高，很难获得具有高凝胶强度又具有高吸水的树脂。反相悬浮聚合法，可以直接获得所需粒径的树脂，无须切碎、粉碎等过程，后处理简单。且能获得高分子量高吸水性能的树脂。本实验采用反相悬浮聚合法，以部分中和的丙烯酸为主要单体，以聚甘油单硬脂酸酯和山梨醇酐硬脂酸酯两种非离子表面活性剂作为乳化剂，以提高反应体系的稳定性，过硫酸钾为引发剂，N,N'-亚甲基双丙烯酰胺（NMBA）为交联剂合成聚丙烯酸系高吸水性树脂，探讨表面活性剂种类及用量、油水比、丙烯酸中和度和交联剂用量对其吸液性能的影响（图2-12-1）。

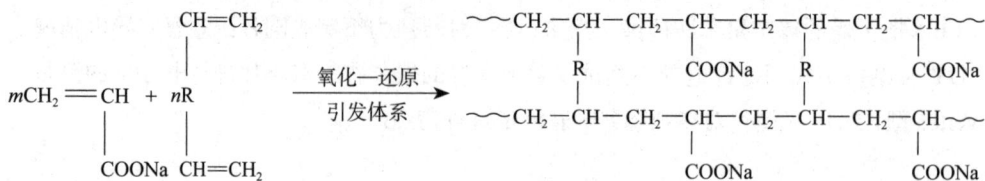

图2-12-1 聚合机理

反相悬浮聚合法是单体以小液滴的形式分散在油相介质中的一种合成方法，主要由单体、水、引发剂、分散剂和有机溶剂组成。反相悬浮聚合法具有散热容易、操作简单、合成产品的分子量高、聚合过程稳定等优点，而且合成的高吸水性树脂成粒状，后处理简单，成为引人注目的独特的聚合新工艺。在此类反应中，交联剂的选择、用量以及交联程度的控制是非常关键的一个问题。如果交联度不够，吸水树脂将有部分是水溶的，这会影响到吸水效率；但当交联度达到一定水平后，随着交联剂用量的增加，吸水倍率迅速下降。

三、仪器和药品

丙烯酸，三聚甘油单硬脂酸酯，山梨醇酐硬脂酸酯，过硫酸钾（$K_2S_2O_8$），丙二醇二缩水甘油醚，N,N'-亚甲基双丙烯酰胺，环己烷，乙醇，OP-10（烷基酚的环氧乙烷缩合物），SPAN-60（司盘60），氢氧化钠水溶液（18%）。

水浴锅，电动搅拌器，冷凝管，电子天平等。

四、实验步骤

1. 高吸水性树脂的制备

（1）丙烯酸钠溶液的配置。烧杯中加入10mL丙烯酸，滴加20mL18%NaOH（冰浴），再加入0.018g的$K_2S_2O_8$，以及0.006g的N,N'-亚甲基双丙烯酰胺，搅拌均匀后转移到滴液漏斗中。

（2）油相溶液。三口烧瓶中加入60mL环己烷，0.5mL的OP-10和0.8g的SPAN-60，然后在60℃条件下完全溶解。

（3）温度升到70~75℃，搅拌速率250~300r/min，用滴液漏斗滴加丙烯酸钠溶液，滴加完后反应1~1.5h。

（4）将产物抽滤，用热水洗涤，除去多余的表面活性剂。

（5）烘箱中干燥。

2. 性能测试

测试前如是块状颗粒需要先粉碎。

（1）吸水率和吸盐水率的测量。称取高吸水性树脂样品（约0.2g）于烧杯中，加入大量蒸馏水，吸液平衡后，用过滤袋过滤，并静置10min，称量凝胶质量，由式（1）计算吸水率。

$$Q_水=(m-m_0-m_1)/m_0 \qquad (1)$$

称取高吸水性树脂样品（约0.2g）于过滤袋中，浸到盐水中，静置30min，取出过滤袋，悬挂10min，称量凝胶质量，由式（2）计算吸盐水率。

$$Q_盐=(m-m_0-m_2)/m_0 \qquad (2)$$

式中：m为吸水后凝胶质量，g；m_0为干凝胶质量（g）；m_1为过滤袋质量（g）；m_2为过滤袋湿重（g）；$Q_水$为吸水率，g/g；$Q_盐$为吸盐水率。

（2）保水率（CRC）的测定。将吸完盐水的样品和空白对照放到离心机的篮子里。为了保持适当平衡，将空白对照和装有样品的袋子分别对放。离心3min±10s后关掉离心机。在完全停止转动后打开盖子。拿出过滤袋，称量每个过滤袋的重量并且记录下来：两个空白对照过滤袋的重量记为$(W_{bc})_1$和$(W_{bc})_2$，包含样品的茶包重量记为W_{wc}。

$$CRC(g/g) = \frac{(W_{wc})_i - W_{bc} - (W_d)_i}{(W_d)_i} \tag{3}$$

式中：W_d为测试部分的干重（g）；W_{bc}为离心后两袋空白对照的平均质量（g）；W_{wc}为离心后包含吸水树脂的茶包质量（g）。

（3）吸液速率的测定。0.5g高吸水树脂加入50mL生理盐水中，用磁子搅拌，从开始加入样品时计时，到漩涡消失所需要的时间。

（4）pH的测定。在250mL的烧杯中加入100mL的0.9%的盐水溶液；放到磁力搅拌器上，以合适的速度搅拌溶液，搅拌速度以空气不能进入溶液中为准。在盐水溶液中加入（0.5±0.01）g的PA高吸水树脂粉末，以合适的速度搅拌10min。用去离子水冲洗电极。用纸巾小心地擦拭干电极。在停止搅拌1min后，将电极放入测试溶液的高吸水树脂层中测试pH。注意磁子的回收。

五、注意事项

（1）实验过程中，搅拌速度的控制。
（2）分散剂的配置与分散。

六、思考题

（1）N,N'-亚甲基双丙烯酰胺在实验中起什么作用？其用量对树脂有何影响？
（2）本实验搅拌起什么作用？控制珠体粒径的正确途径是什么？

七、参考文献

［1］潘祖仁. 高分子化学［M］. 北京：化学工业出版社，2023：52-53.
［2］何卫东. 高分子化学实验［M］. 合肥：中国科学技术大学出版社，2004：110-111.

实验十三　高黏度聚酯合成虚拟仿真实验

（实验时间：4h）

一、实验目的

（1）了解PET工业生产原理及单元操作。

（2）掌握PET的生产方法和技术。

二、实验原理

高黏度聚酯：是对特性黏度大于0.62dL/g的聚酯切片或熔体进行增黏加工后获得的。

特性黏度（intrinsic viscosity）：高分子溶液在浓度趋于零时的比浓黏度，它表示单个分子对溶液黏度的贡献，并反映高分子特性，其值不随浓度的变化而变化。通常用符号$[\eta]$表示。

该实验涉及的原理：具有双官能团或多官能团的单体通过缩合反应，彼此通过共价键连接在一起，同时消除小分子副产物，生成长链的高分子化合物的反应称为缩聚。缩聚反应分为线型缩聚反应和体型缩聚反应，利用缩聚反应能制备很多品种的高分材料。

整个线型缩聚是可逆平衡反应，缩聚物的分子量必然受到平衡常数K的影响。利用官能团等活性的假设，可近似地用同一个平衡常数来表示其反应平衡特征。聚酯反应的平衡常数一般较小，K值在4~10。当反应条件改变时，例如副产物ab从反应体系中除去，平衡即被破坏。除了单体结构和端基活性的影响外，影响聚酯反应的主要因素有：配料比、反应温度、催化剂、反应程度、反应时间、小分子产物的清除程度等。

配料比对反应程度和聚酯的分子量大小的影响很大，体系中任何一种单体过量，都会降低聚合程度；采用催化剂可大大加快反应速率；提高反应温度一般也能加快反应速率，提高反应程度，同时促使反应生成的低分子产物尽快离开反应体系，但反应温度的选择与单体的沸点、热稳定性有关。反应中低分子副产物将使反应逆向进行，阻碍高分子产物的生成，因此去除小分子副产物越彻底，越有利于高分子产物的生成。

聚对苯二甲酸乙二醇酯俗称涤纶树脂，其作为一种重要的工业聚酯，在纺织、塑料等领域具有广泛应用，主要应用如下。

（1）薄膜片材方面：各类食品、药品、无毒无菌的包装材料；纺织品、精密仪器、元器件的高档包装材料；录音带、录像带、电影胶片、计算机软盘、金属镀层及感光胶片等的基材；电气绝缘材料、电容器膜、柔性印刷电路板及薄膜开关等电子领域和机械领域。

（2）包装瓶的应用：其应用已由最初的碳酸饮料扩展到现在的啤酒瓶、食用油瓶、调味品瓶、药品瓶、化妆品瓶等。

（3）电子电器：制造连接器、线圈绕线管、集成电路外壳、电容器外壳、变压器外壳、电视机配件、调谐器、开关、计时器外壳、自动熔断器、电动机托架和继电器等。

（4）汽车配件：如配电盘罩、发火线圈、各种阀门、排气零件、分电器盖、计量仪器罩壳、小型电动机罩壳等，也可利用PET优良的涂装性、表面光泽及刚性，制造汽车的外装零件。

（5）机械设备：制造齿轮、凸轮、泵壳体、皮带轮、电动机框架和钟表零件，也可用作微波烘箱烤盘、各种顶棚、户外广告牌和模型等。

然而PET聚合反应过程复杂，需要精确控制多个工艺参数。实验成本高、耗时长，且存在安全隐患，导致高水平实验，特别是研究探索型实验难以开展。

本实验为解决聚对苯二甲酸乙二醇酯（PET）合成的高风险、高成本和耗时长的问题，坚持"学生中心、问题导向、学科融合、创新实践"的实验教学理念，按照"虚实结合、以虚补实"的原则，以提升学生综合运用知识解决实际问题的能力、启发学生的探究式思维为目标，以高黏度聚酯合成实际生产线为蓝本，理论密切联系实际，注重实验的高阶性，利用3D技术以及数字建模，模拟高黏度聚酯合成，校企合作研发了高黏度聚酯合成虚拟仿真实验，以弥补高分子材料与工程等材料类专业人才培养实践平台的不足。该虚拟仿真实验工艺流程整体性强、还原度高，有力地帮助解决当今高分子教学、高分子生产实习中存在的课堂还原度不高，实际操作困难的问题，有助于学生深入了解工艺原理并亲身体会生产操作。该虚拟仿真实验依托实验中心的CAD机房和学生端电脑灵活开展，实现安全、环保、可重复操作。

三、实验内容

学生登录平台后点击开始学习进入后，有相应的操作手册和操作视频资源可以做预习，了解反应原理、工艺流程、控制说明及操作规程，完成预习后可进入虚拟实验，完成开工准备、浆料配置、酯化、预聚、终聚切粒、后整理（停车）等。在线提交实验报告，可以查询实验的成绩和实验报告（图2-13-1）。

四、必要性

本实验开展的"高黏度聚酯合成虚拟仿真实验"，面向学生和社会开放，其必要性如下：

在新工科背景下，聚对苯二甲酸乙二醇酯（PET）的合成无论是理论还是实际生产中都占据着举足轻重的地位。聚对苯二甲酸乙二醇酯俗称涤纶，在多领域中有着广泛的应用。然而，其合成工艺过程复杂，需要精确控制多个工艺参数。在实验室操作存在着反应时间长、需要10~12h才能完成。整个反应过程包括打浆、酯化（酯交换）反应、预缩聚、缩聚四个反应单元，涉及常压、高温高压、低真空、高真空高黏度等几个反应条件，在实验室不但能耗高、难以实现，而且如果操作不当会对学生的安全造成一定的威胁。高分子化学教学团队与北京欧倍尔软件技术开发公司共同开发，利用3D虚拟技术以及数字建模技术，模拟高黏

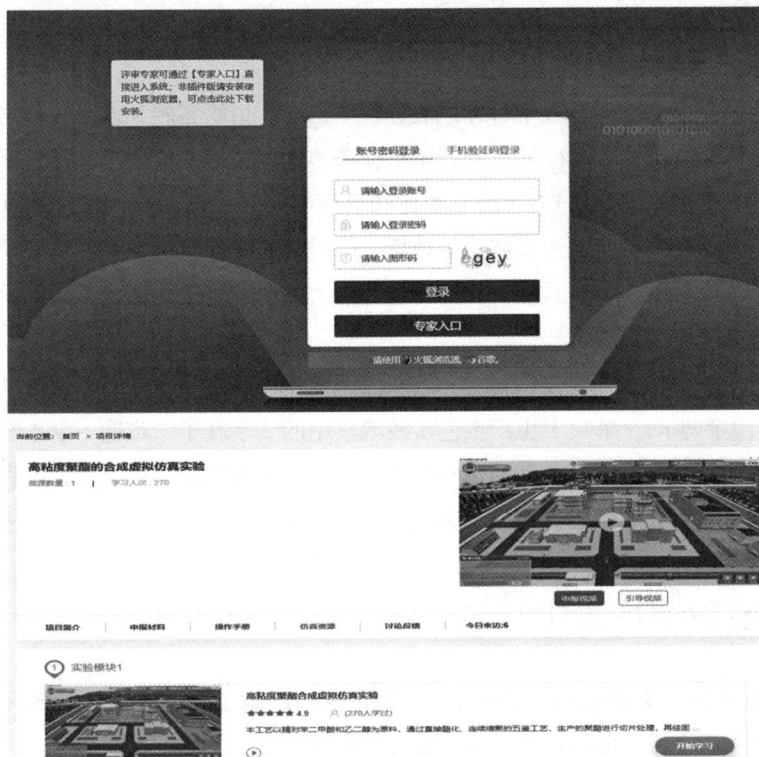

图2-13-1　网站图

度聚酯合成，提供给学生随时可完成的虚拟仿真实验。虚拟仿真实验以精对苯二甲酸和乙二醇为原料，通过直接酯化、连续缩聚工艺，对合成的聚酯进行切片处理，再经固相缩聚得到可直接用于纺丝加工的高黏度聚酯切片产品，工艺流程整体性强、还原度高。培养学生工程化实践创新意识和创新能力，提高理工类本科生的工程问题解决能力和岗位动手能力。

五、实用性

高黏度聚酯合成虚拟仿真实验不仅可以降低实验材料和能耗成本，而且能够确保实验的安全性。具有以下几个方面的优势：

（1）安全性高。虚拟仿真实验不会因为操作不当而引发安全事故，同时也不会因为实验设备的限制而影响实验效果。

（2）成本低。虚拟仿真实验不需要真实的实验设备和实验材料，可以节省大量的实验经费和实验时间。

（3）效率高。虚拟仿真实验可以模拟真实实验中的各种情况，让学生可以在短时间内完成多个单元操作，提高了教学效率。

（4）灵活性高。虚拟仿真实验可以在任何时间、任何地点进行，学生可以根据自己的时间安排和学习需求进行实验操作，提高了学生的学习自主性和灵活性。

六、教学设计创新

以学生为中心，围绕实验教学目标达成、教学内容、组织实施和多元评价需求，依据课程教学大纲凝练整合出适合学生操作的若干子任务：学生根据实验要求，设置反应温度、对苯二甲酸（PTA）与乙二醇（EG）的摩尔比和反应时间等关键参数；通过仿真界面，观察反应过程中物料的黏度变化、温度波动等现象，完成高黏度聚酯的生产。实验项目强调对学生社会责任感、创新精神、实践能力、终身学习能力的综合培养，注重基础知识传授、能力培养、素质提高的协同实施。

该虚拟仿真平台再现高黏度聚酯合成实际生产过程，通过3D虚拟仿真技术还原高黏度聚酯合成工艺生产车间，解决了生产工艺实践教学中的"卡脖子"难题。学生利用平台、借助注解提示信息及透视、显形、互动化的表达方式，可更好地理解工业化生产设备、各个工艺环节的基本原理和细节的巧妙之处，完成了一次身临其境的"高黏度聚酯合成制备之旅"。

七、实验系统的先进性

以高黏度聚酯合成实际生产线为蓝本，理论密切联系实际；注重实验的高阶性和探究性。在教学理念上也做了创新：从"说工艺"，到"做工艺"，把"做"和"说"有机地结合起来，达到事半功倍的效果。

虚拟仿真实验通过计算机模拟技术，高度还原了高黏度聚酯的合成工艺过程，实现了从控制反应温度、PTA与EG的摩尔比以及反应时间等关键工艺参数全覆盖。系统具备直观的操作界面和强大的数据处理能力，能够帮助学生快速掌握实验流程，并实时观察合成实验仿真结果。

虚拟仿真实验积极践行OBE教学理念，采用任务驱动模式，将基于网络的远程教学和基于翻转课堂的引导式、开放式教学相结合，极大地拓展了学生的学习资源和空间，丰富了学生学习模式，特别是采用实验情景式、启发式、探索式等相融合的教学方法，弥补了传统教学方式的不足。

通过互动式的教学方法，为学生提供了具有良好沉浸感、临场感、交互感的虚拟仿真实验场景，创造真实的学习体验，激发学生参与实验的兴趣，有效促进学生多课程知识点的融会贯通和能力的塑造。

八、实验教学目标

知识目标：掌握PTA与EG缩聚反应生成聚酯的基本原理；熟悉原料、中间产物及产品的物化特性；具备组织、优化高黏度聚酯生产工艺流程的基本能力；了解工艺流程布置方案、布局原则；在任务引领模式下，熟练完成高黏度聚酯生产工艺认识实习与生产实习操作。

能力目标：能够综合运用化学基础理论、原料产品的物理化学特性以及化学工程知识，组织高黏度聚酯生产工艺流程；能够解释聚合反应温度、PTA与EG的摩尔比以及反应时间等关键参数对高黏度聚酯的分子结构和黏度的影响；基本具备节能、清洁生产、理论联系实际的工程素养。

价值目标：通过介绍我国化纤行业前辈的创业事迹和杰出贡献，帮助学生树立爱国家、爱社会、爱行业的信念，并在学习中发扬拼搏精神；结合高黏度聚酯反应原理、工艺流程、设备布置的教学，培养理论联系实际、崇尚科学、实事求是的态度；通过工艺流程优化与实施，培养绿色环保、节能、可持续发展的工程理念。

实验网址：https：//www.obrsim.com/schoolHome.do？schoolCode=jxxycly

实验十四　聚乙烯醇缩甲醛泡沫材料的制备

（实验时间：4 h）

一、实验目的

（1）了解聚乙烯醇缩甲醛泡沫材料的特点和应用。
（2）掌握聚乙烯醇缩甲醛泡沫材料的原理及制备方法。

二、实验原理

关于聚乙烯醇缩甲醛泡沫材料的制备，1945年首先由英国发表了Revertex公司的第一篇发明专利，在1952年美国又接连发表了一些有关发泡技术的专利，我国在20世纪70年代初也研制成功了普通的聚乙烯醇缩甲醛泡沫材料。

聚乙烯醇缩甲醛泡沫材料的特点是在干态下为硬质材料，并具有良好的力学性能，可进行机械加工；在湿态下是一种柔软的弹性海绵，具有优良的耐磨性和回弹性。它是开孔结构的泡沫，具有很好的亲水性和耐热性，还可以进行消毒，因此在医疗卫生方面用作手术衬垫和敷料。由于它具有吸水性和耐磨性，可用作合成海绵，用来清洁唱片、抛光玻璃和金属等。在我国已用聚乙烯醇与淀粉为原料制备了吸水泡沫材料，用于清洗汽车、家用器皿及园林保水。但正是由于它的开孔结构和亲水性，使它在结构材料和包装材料方面的应用受到了限制。

随着科学技术的发展，特别是航天事业的发展，需用一些具有特殊功能的材料，其中一种就是具有吸水、贮水和导水功能的材料，聚乙烯醇缩甲醛泡沫材料被开发了新的应用领域。当然，在航天领域的应用，对材料的性能有特殊的要求。并非普通聚乙烯醇缩甲醛泡沫都可取用。20世纪70年代，上海塑料研究所曾经研制过一种层压结构的吸水泡沫材料，而没有涉及整体结构的吸水泡沫材料。至今国内这种材料为数不多。

泡沫塑料实际上是以气体为填料的一种复合塑料，正如大家熟悉的聚苯乙烯泡沫塑料、聚乙烯泡沫塑料及聚氯乙烯泡沫塑料等。它们都是以聚苯乙烯、聚乙烯和聚氯乙烯为原料，经过发泡加工制作而成的。聚乙烯醇缩甲醛泡沫材料也是一种泡沫塑料，但它与上述几种泡沫塑料不一样，前面的几种都是热塑性泡沫塑料，而它却是热固性泡沫塑料。因此，它的制备方法完全不一样，它的发泡成型过程与聚合物的缩合反应同时进行。它不是以聚乙烯醇缩甲醛为原料，经发泡加工而成的，而是在制备聚乙烯醇缩甲醛的同时制备泡沫体。因此，在它的制备过程中既包含聚乙烯醇与甲醛的化学反应（缩醛化反应），又包含气体的分散和稳定等物理过程。

聚乙烯醇是一种白色粉末状结晶高聚物，它的熔融温度为 $224 \sim 240℃$，玻璃化温度为 $80 \sim 85℃$。它不是乙烯醇的均聚物，而是聚醋酸乙烯酯的水解产物。它的分子链中含有大量的羟基，因此它可溶于水。也正是这些羟基的存在，使它具有多元醇的一些典型化学反应，如醚化、酯化和缩醛化等。

各种醛类都能与聚乙烯醇发生缩合反应。甲醛性能活跃，容易与聚乙烯醇分子中的羟基发生反应，而且它易溶于水，容易从产品中除去。

当聚乙烯醇在水溶液中与甲醛进行缩合反应，形成分子间的交联键，反应式如图 2-14-1 所示。

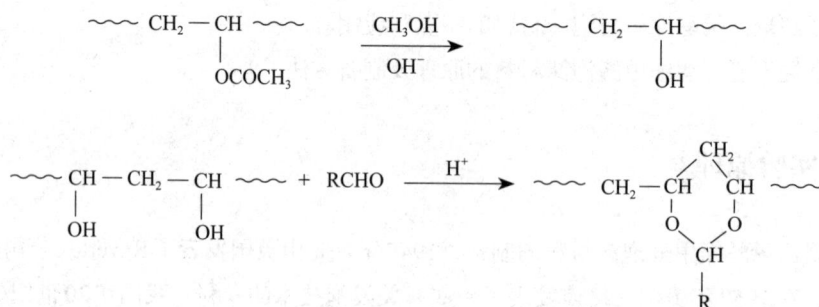

图 2-14-1　缩合反应

原来溶于水的聚乙烯醇变成了不溶于水的聚乙烯醇缩甲醛。为了获得具有多孔机构的泡沫材料，必须在反应体系中分散大量气泡，制成液态泡沫体，随着缩甲醛化反应的进行逐步转变成固态泡沫体。

该材料是由许多相互连通的孔组成，因此它对水的吸入不依赖于膜壁的渗透性，这正是吸水快、毛细力强的原因所在。这种材料具有优良的亲水性和良好的力学性能，是一种优良的吸水、贮水和导水的功能材料。

三、仪器与药品

1.仪器

水浴锅，电动搅拌器、甩水机、烘箱、橡胶手套、温度计、烧杯，玻璃棒。三口烧瓶，（250mL，2只），搅拌器（1套），温度计（100℃，2支），量筒（50mL，1只），烧杯（1000mL，1只），电炉（800W，1只），变压器（1只），瓷盘（1只）。

2.药品

聚乙烯醇，硫酸，吐温20，甲醛。

四、实验步骤

（1）按照图2-14-2搭好仪器装置，将聚乙烯醇和水置于水浴中加热并搅拌，配制成为11.0%均一透明的溶液。称取该溶液倒入反应器中，一边搅拌一边冷却，并加入55%硫酸溶液及吐温20，溶液逐渐变成乳白色。

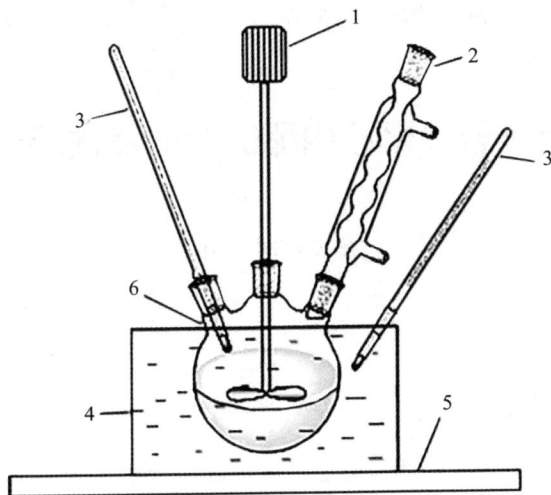

图2-14-2　反应装置图

1—搅拌器　2—冷凝管　3—温度计　4—水浴　5—台面　6—三口烧瓶

（2）待30min后体系温度降至30℃，此时加入甲醛溶液，高速搅拌15min，溶液成为一定体积高度的液态泡沫，停止搅拌，倒入模具。

（3）在45℃恒温进行缩醛化反应，经7.0h，液态泡沫固化定型，成为稳定的泡沫体。

（4）取出放入水中，反复洗去催化剂等残余物，甩干—浸泡—洗涤—甩干，反复多次洗净残余物。

（5）甩干后的泡沫体在室温下自然干燥两天，待表面硬结后放入60℃烘箱中干燥，烘干后的样品进行性能测试。

五、材料的主要性能指标

（1）状态。干态材料质硬，吸水后材质柔软，有弹性。

（2）表观密度为 $0.08 \sim 0.12\text{g/cm}^3$。

（3）饱和吸水量为干态重量的 $12 \sim 16$ 倍。

（4）吸水性。垂直水面时，2.5min 内水自动爬升高度于 60mm，且材料各向同性。中性水中浸泡 24.0h 以上，无腐蚀、无颗粒脱落，毛细孔不被堵塞。材料工作温度 $0 \sim 40℃$，材料无毒，无刺激气味。

（5）加工性。具有良好的机械加工性能，可加工成一定规格的锥体、圆柱体。

（6）吸水后体积膨胀变形率 $<60\%$。

六、思考题

（1）各种醛类都能与聚乙烯醇发生缩合反应，为何选甲醛？

（2）写出甲醛与聚乙烯醇反应的两种形式。

实验十五　聚己内酯的合成及性能测试

（实验时间：4h）

一、实验目的

（1）探讨己内酯开环聚合工艺。

（2）掌握表征聚合物的一些测试方法，如黏度、分子量、力学性能、结晶性能等的测试。

二、实验原理

聚己内酯具有良好的生物相容性，在生物医药领域有广泛的应用，因而己内酯的催化开环聚合引起了广泛的关注。国外已有不少的报道，然而国内研究的不多。这主要是因为作为医用材料来说，对材料性能要求更为苛刻且价格昂贵。合成聚己内酯时所用的引发剂主要是烷氧基金属，最近也有稀土类的金属烷氧基化合物作引发剂的报道。目前报道的稀土催化剂有的在空气中不稳定，而且在合成上也比较麻烦。虽然有关聚己内酯的合成报道已有不少，但是各种文献即使在相同的条件下，合成出聚己内酯的分子量及其分布差别很大。为此，本实验探讨在相同的反应原料、不同反应条件对引发体系的引发效率及分子量的影响。

在引发剂的选择上采用价格便宜且易得的辛酸亚锡。该类引发剂的主要特点是属于配位聚合型引发剂，反应速率快，毒性较低。辛酸亚锡已经通过美国食品和药物管理局（FDA）的批准，可以安全地应用在医药领域中。己内酯的开环聚合反应如图 2-15-1 所示。

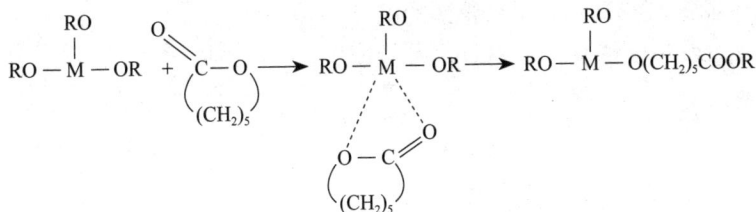

图2-15-1　己内酯的开环聚合反应

用该类引发剂，反应温度一般在100℃以上才具有较高的引发效率。但是针对聚合成较高分子量的聚合物来说，在该体系中也存在着一个不容忽视的问题，那就是在100℃以上，辛酸亚锡不仅是己内酯开环聚合的很好的引发剂，而且也是体系中酯交换反应的催化剂。体系中酯交换反应的存在不仅会降低聚己内酯的分子量，而且会使分子量分布变宽。

要合成出较高分子量的聚己内酯，主要影响因素有：单体/引发剂的摩尔比、聚合温度、聚合时间等。

三、仪器与药品

1.仪器
电动搅拌器，三口烧瓶，温度计，加热装置，数字黏度计，偏光显微镜等。

2.药品
ε-己内酯（ε-CL），辛酸亚锡［$Sn(Oct)_2$］，甲醇，四氢呋喃等。

四、实验步骤

1.原料的纯化
在140~150℃、真空度为0.09MPa的条件下减压蒸馏，收集的馏分用分子筛保存，放于密闭的容器中。

2.聚己内酯均聚物的合成
在附有温度计、搅拌器及冷凝管的干燥好的三口烧瓶中，加入适量的已经纯化过的单体，用注射器加入一定量的催化剂，在氮气保护下进行聚己内酯的聚合，烧瓶浸于油浴中。通过改变催化剂的浓度和各种反应条件来进行己内酯的开环聚合。

以一定的比例｛$n(\varepsilon$-CL$)/n$［$Sn(Oct)_2$］=250｝称取ε-己内酯（ε-CL）和辛酸亚锡［$Sn(Oct)_2$］加入100mL干燥的三口烧瓶中，在机械搅拌和N_2保护下，130℃油浴中反应，调整搅拌器转速为200r/min，反应4.0h取出，冷却后凝固为白色固体。反应装置如图2-15-2所示。

3.产物的纯化
产物经甲苯溶解后以5~8倍体积的甲醇沉淀，于室温下静置24h后抽滤。以同样的方法

重复以上述步骤2~3次，将最后得到的沉
淀在40℃的真空干燥箱中干燥至恒重。

4.性能测试

（1）黏度（$[\eta]$）。聚ε-己内黏度较
低，具有良好的柔韧性，因此易于加工成
型。采用数字黏度计在25~30℃下测定，
以四氢呋喃为溶剂。

（2）分子量的测定。参照国家标准GB/T
1632—2008《聚合物稀溶液粘数和特性粘数
测定》中的一点法测定聚己内酯的特性黏
度，进而计算出聚合物的分子量。具体步
骤如下：

称取一定量自行合成的聚己内酯，在
50mL的容量瓶中将其溶于苯的溶液中，用
砂型漏斗过滤后，注入乌氏黏度计中。将

图2-15-2　反应装置图
1—搅拌器　2—油浴加热装置　3—冷凝管　4—铁架台

乌氏黏度计置入30℃的恒温水浴槽中，按照经验公式计算分子量：

$$[\eta]=9.9\times10^{-5}\times M_{w}\times0.82$$

（3）力学性能。聚ε-己内酯材料不仅性能优良且可生物降解，是环境友好型高聚物材
料，可作为性能优良的医用高分子材料。聚ε-己内酯具有良好的力学性能，主要表现在抗
拉伸和抗冲击强度高。力学性能按GB/T 1039、GB/T 1040系列标准进行测量。测试条件：
拉伸速度10mm/min，室温。

（4）偏光显微镜观察产物的结晶形态。高分子材料的结晶是高分子研究中的一个重要
方向。聚ε-己内酯均聚物本身熔点较低，在很宽的温度范围内都可以结晶，结晶形态主要
以典型球晶为主。玻璃化温度（T_{g}）为-60℃。在没有外部应力或者流动场的作用下，高聚
物从极浓溶液中析出或者从熔体状态冷却结晶时，生成一种直径为0.5~100mm的圆球状晶
体。因在偏光显微镜下观察为圆形球状而得名——球晶。高聚物结晶得到的结晶形态中，球
晶最为常见，球晶在偏光显微镜（POM）观察下呈现明显的黑十字（Maltese Cross）消光图
像，如图2-15-3所示。

聚己内酯易结晶，将所制得的产物在偏光显微镜下观察其结晶形态。先用低倍数找到样
品，然后细调，观察结晶形态。

制样方式有两种：

a.溶液滴膜发。将一定质量的聚己内酯溶解在CHCl$_3$中，配制成浓度为1.0%的溶液，
静置一段时间使溶质充分溶解，然后将溶液滴在已经处理好的载玻片上，将样品放在真空干
燥箱中真空干燥24h，让溶剂挥发至完全，备用。

b.熔融法。取少量产物放载玻片上，在热台上熔融，用盖玻片压薄，形成薄膜，注意一
定要薄，否则不利于观察。

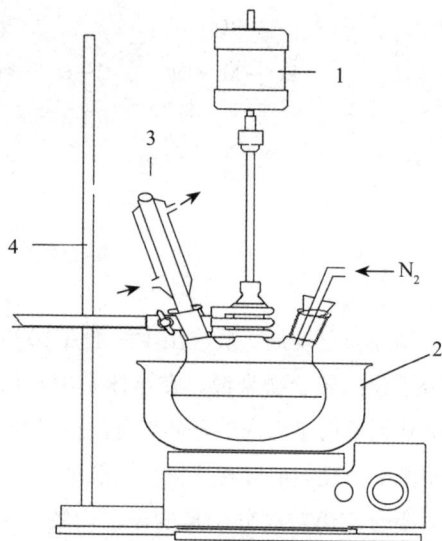

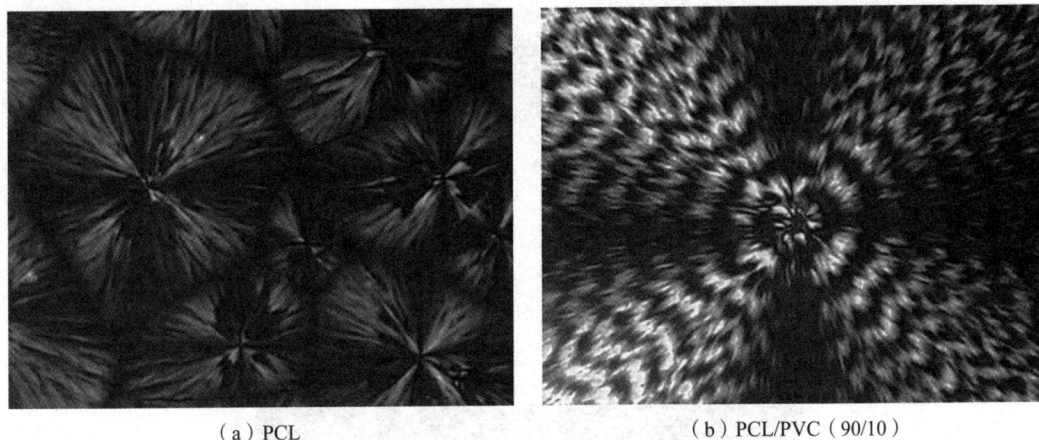

（a）PCL　　　　　　　　　　　　　　　（b）PCL/PVC（90/10）

图2-15-3　PCL在PCL/PVC共混体系中40 ℃结晶的POM图

五、思考题

（1）为什么要选择辛酸亚锡作引发剂？

（2）要想在偏光显微镜下观察到清晰的结晶形态，制样时应注意哪些问题？

实验十六　聚丙烯酸酯乳液涂料的制备及性能测定

（实验时间：4h）

一、实验目的

（1）掌握制备聚合物复合乳液的方法。

（2）了解聚丙烯酸乳胶涂料的性质和用途。

二、实验原理

聚丙烯酸酯乳胶涂料（ployacrylate latex paint）为黏稠液体，其耐候性、保色性、耐水性、耐碱性等性能均比聚醋酸乙烯乳胶涂料好。聚丙烯酸酯乳胶涂料是主要的外墙用乳胶涂料，如图2-16-1所示。由于聚丙烯酸酯乳胶涂料有许多优点，近年来品种和产量增长很快。

聚丙烯酸酯乳液通常是指丙烯酸酯、甲基丙烯酸酯，有时也有用少量的丙烯酸或甲基丙烯酸等共聚的乳液。表2-16-1和表2-16-2为两例聚丙烯酸酯乳液配方。

图2-16-1　乳胶涂料

表2-16-1　纯丙乳液配方

名称	质量分数/%	名称	质量分数/%
丙烯酸丁酯（BA）	33	水	63
甲基丙烯酸甲酯（MMA）	17	烷基苯聚醚磺酸钠	1.5
甲基丙烯酸（MAA）	1	过硫酸铵	0.2

表2-16-2　苯丙乳液配方

名称	质量分数/%	名称	质量分数/%
丙烯酸丁酯（BA）	25	十二烷基硫酸钠	0.25
苯乙烯（St）	25	烷基聚氧乙烯醚	1.0
丙烯酸（AA）	1	过硫酸铵	0.2
水	50		

　　丙烯酸酯乳液比醋酸乙烯酯乳液有许多优点：对颜料的黏接能力强，耐水性、耐碱性、耐光性、耐候性均比较好，施工性能优良。

　　（1）单体。各种不同的丙烯酸酯单体都能共聚，也可以和其他单体（如苯乙烯和醋酸乙烯等）共聚。

　　（2）引发剂。乳液聚合一般和前述醋酸乙烯乳液相仿，引发剂常用的也是过硫酸盐。如用氧化还原法（如过硫酸盐—重亚硫酸钠等），单体可分三四次分批加入。

　　（3）乳化剂。表面活性剂也和聚醋酸乙烯相仿，可以用非离子型或阴离子型的乳化剂。操作也可采取逐步加入单体的办法，主要是为了使聚合时产生的大量热能很好地扩散，使反应均匀进行。在共聚乳液中也必须用缓慢均匀地加入混合单体的方法，以保证共聚物的均匀。

甲基丙烯酸甲酯或苯乙烯都是硬单体，用苯乙烯可降低成本；丙烯酸乙酯或丙烯酸丁酯两者都是软性单体，但丙烯酸丁酯要比丙烯酸乙酯软些，其用量也可以比丙烯酸乙酯用量少些；丙烯酸或甲基丙烯酸对乳液的冻融稳定性有帮助；此外，在生产乳胶涂料时加氨或碱液中和也起增稠作用。

聚丙烯酸酯乳胶涂料的配制，除了颜料外还要加入分散剂、增稠剂、消泡剂、防霉剂、防冻剂等助剂。

聚丙烯酸酯乳胶涂料由于耐候性、保色性、耐水耐碱性都比聚醋酸乙烯酯乳胶涂料好些，主要用作制造外用乳胶涂料。在外用时钛白就需选用金红石型，着色颜料也需选用氧化铁等耐光性较好的品种。

聚丙烯酸酯乳液涂料制备中常用的分散剂主要包括无机类分散剂和高分子型分散剂。无机类分散剂如六偏磷酸钠和三聚磷酸盐等，因其对涂料的耐水性和光泽有一定影响，逐渐被高分子型分散剂所取代。高分子型分散剂主要包括低相对分子质量聚丙烯酸盐和聚甲基丙烯酸盐，这类分散剂对有机颜料和无机颜料分散性良好，展色性优异，有助于提高涂料的光泽。也有介绍用聚合物基分散剂，如二异丁烯顺丁烯二酸酐共聚物的钠盐。

增稠剂除聚合时加入少量丙烯酸、甲基丙烯酸与碱中和后起一定增稠作用外，还加入羧甲基纤维素、羟乙基纤维素、羟丙基纤维素等作为增稠剂。

消泡剂、防冻剂、防锈剂、防霉剂和聚醋酸乙烯酯乳胶涂料一样，但作为外用乳胶涂料，防霉剂的量要适当多一些。

三、仪器与药品

1.仪器
三口烧瓶（或四口烧瓶），回流冷凝管，滴液漏斗，温度计，电动搅拌器，移液管，恒温水浴等。

2.药品
苯乙烯，碳酸氢钠，丙烯酸正丁酯，邻苯二甲酸二丁酯，丙烯酸，壬基酚聚氧乙烯基醚（OP-10），过硫酸钾，十二烷基硫酸钠（SDS），金红石型钛白粉，碳酸钙，云母粉，二异丁烯顺丁烯二酸酐共聚物，烷基苯聚碳酸钠，环氧乙烷，羟乙基纤维素，羟甲基纤维素，消泡剂，防霉剂，乙二醇，松油醇，丙烯酸酯共聚乳液（质量分数50%），碱溶丙烯酸共聚乳液（质量分数45%），氨水，颜料。

四、实验步骤

1.乳液合成
搭建如图2-16-2所示装置图。乳化剂在水中溶解后加热升温到60℃，加入过硫酸铵和质量分数为10%的单体，升温至70℃。如果没有显著的放热反应，逐步升温直至放热反应开始，待温度升至80～82℃，将余下的混合单体缓慢而均匀加入，约2h加完，控制回流温度。单体加完后，在30min内将温度升至97℃，保持30min，冷却。用氨水调pH至8～9。

2. 乳液涂料的配制

配方的原则与前述聚醋酸乙烯酯乳胶涂料相同，钛白的用量视对遮盖力高低的要求来变动，内用的考虑白度遮盖力多些，颜料含量高些；外用的要考虑耐候性，乳液的用量相对要大些。在木材表面，要考虑木材木纹温湿度不同时胀缩很厉害，因此颜料含量要低些，多用些乳液。表2-16-3为常见乳液的配方。

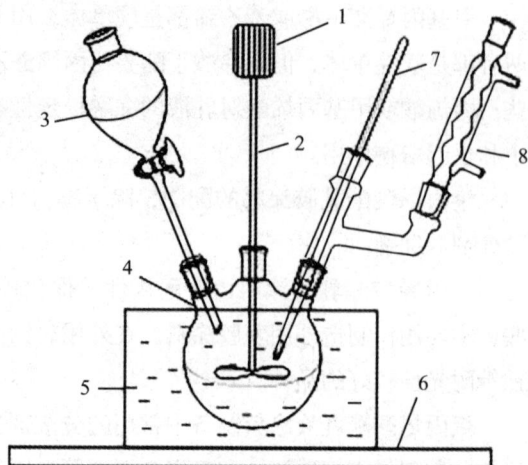

图2-16-2 合成装置图

1—搅拌器 2—搅拌棒 3—加料漏斗 4—三口烧瓶
5—水浴 6—台面 7—温度计 8—冷凝管

表2-16-3 常见乳液配方

组分	底漆腻子	白色内用面漆	外用水泥表面用漆	外用水器底漆
钛白粉	7.5	36	20	15
碳酸钙	20	10	20	16.5
云母粉				2.5
OP-10	0.2	0.2	0.2	0.2
羟乙基纤维素				0.2
羧甲基纤维素			0.2	
消泡剂	0.2	0.5	0.3	0.2
防霉剂	0.1	0.1	0.8	0.2
乙二醇		1.2	2.0	2.0
松油醇				0.3
丙烯酸酯共聚乳液	34	24	40	40
水	34.4	25.3	15.8	22.1
氨水调pH至	8～9	8～9	8～9	9.4～9.7
基料∶颜料	1∶1.5	1∶3.6	1∶2	1∶1.7

3.乳液性能的表征

（1）乳液黏度的测定。乳液以1：22的比例稀释后用SNB-1数字黏度仪测定黏度。

（2）乳液电解质稳定性的测定。将一定体积固含量乳液分别加入0.2mol/L、0/5mol/L的KCl溶液中。静置24h后取上层清液，用721分光光度计测透光率。

（3）乳液高温稳定性的测定。用试管称取10g乳液，塞紧。放入烘箱中60℃持续恒温120h，取出，在室温下放置3h。用玻璃棒搅动乳液，观察有无漂油、聚结和分层等现象。

（4）乳液冻融稳定性的测定。用试管称取10g乳液，塞紧试管口。放入(0±0.5)℃低温箱中冻结16h。取出后在(30±0.5)℃的水浴中融化1h，用玻璃棒搅动乳液，观察乳液是否恢复原状。

透光度大，表示乳液沉降严重，稳定性差；透光度小，表示乳液稳定性好，电解质稳定性合格。

无漂油、聚结和分层现象，表明乳液高温稳定性合格。

乳液恢复原状，表明乳液低温稳定性合格。

（5）注意事项。

①乳液配制时要严格控制温度和反应时间。

②加入单体时要缓慢滴加，否则要产生暴聚而使合成失败。

③乳液的pH一定要控制好，否则乳液不稳定。

④涂料的配方与聚醋酸乙烯酯乳胶涂料相仿。所不同的是碱溶丙烯酸酯共聚乳液必须用少量水冲淡后加氨水调pH至8～9，才能溶于水中。

五、思考题

（1）聚丙烯酸酯乳胶涂料有哪些优点？主要应用于哪些方面？

（2）影响乳液稳定的因素有哪些？如何控制？

第三章　高分子物理实验

实验一　黏度法测定聚合物的分子量

（实验时间：4h）

一、目的和要求

（1）掌握黏度法测定聚合物分子量的基本原理。
（2）掌握用乌氏黏度计测定聚合物稀溶液黏度的实验技术及数据处理方法。
（3）测定线型聚合物——聚苯乙烯的平均分子量。

二、原理

1.基本原理

分子量是聚合物最基本的结构参数之一，与聚合物材料物理性能有着密切的关系，在理论研究和生产实践中经常需要测定这个参数。测定聚合物分子量的方法很多，不同测定方法所得出的统计平均分子量的意义有所不同，其适应的分子量范围也不相同。对线型聚合物，各测定聚合物分子量的方法适用的范围如表3-1-1所示。

表3-1-1　测定聚合物分子量的方法与适用分子量范围

方法名称	适用摩尔质量范围	平均摩尔质量类型	方法类型
黏度法	$10^4 \sim 10^7$	黏均	相对法
端基分析法	$< 3 \times 10^4$	数均	绝对法
沸点升高法	$< 3 \times 10^4$	数均	绝对法
凝固点降低法	$< 5 \times 10^3$	数均	绝对法
气相渗透压法（VPO）	$< 3 \times 10^4$	数均	绝对法
膜渗透压法	$2 \times 10^4 \sim 1 \times 10^6$	数均	绝对法
光散射法	$2 \times 10^4 \sim 1 \times 10^7$	重均	绝对法
超速离心沉降速度法	$1 \times 10^4 \sim 1 \times 10^7$	各种平均	绝对法
超速离心沉降平衡法	$1 \times 10^4 \sim 1 \times 10^6$	重均、数均	绝对法
凝胶渗透色谱法	$1 \times 10^3 \sim 5 \times 10^5$	各种平均	相对法

在高分子工业和研究工作中最常用的是黏度法，它是一种相对的方法，适用于分子量在$10^4 \sim 10^7$范围的聚合物。此法设备简单、操作方便，又有较高的实验精度。

聚合物在良溶剂中充分溶解和分散，其分子链在良溶剂中的构象是无规线团。这样聚合物稀溶液在流动过程中，分子链线团与线团间存在摩擦力，使得溶液表现出比纯溶剂的黏度高。聚合物在稀溶液中的黏度是它在流动过程中所存在的内摩擦的反映，其溶剂分子相互之间的内摩擦所表现出来的黏度叫作溶剂黏度，以η_0表示，黏度的单位为帕斯卡秒。而聚合物分子相互间的内摩擦以及聚合物分子与溶剂分子之间的内摩擦，再加上溶剂分子相互间的摩擦，三者的总和表现为聚合物溶液的黏度，以η表示。聚合物稀溶液的黏度主要反映了分子链线团间因流动或相对运动所产生的内摩擦阻力。分子链线团的密度越大、尺寸越大，则其内摩擦阻力越大，聚合物溶液表现出来的黏度就越大。聚合物溶液的黏度与聚合物的结构、溶液浓度、溶剂的性质、温度和压力等因素有密切的关系。通过测量聚合物稀溶液的黏度可以计算得到聚合物的分子量，称为黏均分子量。

2. 黏度的定义

（1）黏度比（相对黏度），即η_r，若纯溶剂的黏度为η_0，同温度下聚合物溶液的黏度为η，则黏度比

$$\eta_r = \frac{\eta}{\eta_0} \tag{1}$$

黏度比是一个无量纲的量，随着溶液浓度的增加而增加。对于低剪切速率下的聚合物溶液，其值一般大于1。

（2）增比黏度，η_{sp}：在相同温度下，聚合物溶液的黏度一般要比纯溶剂的黏度大，即$\eta>\eta_0$，这增加的分数叫作增比黏度，以η_{sp}表示。相对于溶剂来说，溶液黏度增加的分数为

$$\eta_{sp} = \frac{\eta - \eta_0}{\eta_0} = \eta_r - 1 \tag{2}$$

增比黏度也是一个无量纲量，与溶液的浓度有关。

（3）比浓黏度（黏数），η_{sp}/c：对于高分子溶液，黏度相对增量往往随溶液浓度的增加而增大，因此常用其与浓度c之比来表示溶液的黏度，称为比浓黏度或黏数，即

$$\frac{\eta_{sp}}{c} = \frac{\eta_r - 1}{c} \tag{3}$$

（4）对数黏度（比浓对数黏度）$\ln\eta_r/c$：其定义是黏度比的自然对数与浓度之比，即

$$\frac{\ln \eta_r}{c} = \frac{\ln(1+\eta_{sp})}{c} \tag{4}$$

对数黏度单位为浓度的倒数，常用mL/g表示。

（5）极限黏度（特性黏数），$[\eta]$：其定义为黏数η_{sp}/c或对数黏数$\ln\eta_r/c$在无限稀释时的外推值，即

$$[\eta] = \lim_{c \to 0}\frac{\ln \eta_r}{c} = \lim_{c \to 0}\frac{\eta_{sp}}{c} \tag{5}$$

特性黏数值与浓度无关，量纲是浓度的倒数。

3. 聚合物溶液特性黏数与聚合物分子量的关系

以往大量的实验证明，对于给定聚合物在给定的溶剂和温度下，特性黏数 $[\eta]$ 的数值仅由给定聚合物的分子量所决定，$[\eta]$ 与给定聚合物的黏均分子量 M_η 的关系可以由 Mark-Houwink 方程表示：

$$[\eta]=KM_\eta^a \tag{6}$$

式中：K 为比例常数；a 为扩张因子，与溶液中聚合物分子链的形态有关；M_η 为黏均分子量。

K、a 与温度、聚合物种类和溶剂性质有关，K 值受温度的影响较明显，而 a 值主要取决于聚合物分子链线团在溶剂中舒展的程度，一般介于 0.5~1.0 之间。在一定温度时，对给定的聚合物–溶剂体系，一定的分子量范围内 K、a 为一常数，$[\eta]$ 只与分子量大小有关。K、a 值一般可从有关手册中查到。特性黏度 $[\eta]$ 的大小受下列因素影响。

（1）分子量。线型或轻度交联的聚合物分子量增大，特性黏度 $[\eta]$ 增大。

（2）分子形状。分子量相同时，支化分子的形状趋于球形，特性黏度 $[\eta]$ 较线型分子的小。

（3）溶剂特性。聚合物在良溶剂中，大分子较伸展，特性黏度 $[\eta]$ 较大，而在不良溶剂中，大分子较卷曲，特性黏度 $[\eta]$ 较小。

（4）温度。在良溶剂中，温度升高，对特性黏度 $[\eta]$ 影响不大，而在不良溶剂中，若温度升高使溶剂变为良好，则特性黏度 $[\eta]$ 增大。

4. 聚合物溶液黏度与溶液浓度间的关系

在一定温度下，聚合物溶液黏度对浓度有一定依赖关系。表述溶液黏度对浓度的依赖的公式很多，应用较多的主要有哈金斯（Huggins）方程：

$$\frac{\eta_{sp}}{c}=[\eta]+k'[\eta]^2c \tag{7}$$

以及克拉默（Kraemer）方程：

$$\frac{\ln\eta_r}{c}=[\eta]-\beta[\eta]^2c \tag{8}$$

对于给定的聚合物在给定温度和溶剂时，k'、β 应是常数，其中 k' 称为哈金斯（Huggins）常数。它表示溶液中聚合物分子链线团间、聚合物分子链线团与溶剂分子间的相互作用，其值一般对分子量并不敏感。用 $\ln\eta_r/c$ 对 c 的图外推和用 η_{sp}/c 对 c 的图外推可得到共同的截距——特性黏度 $[\eta]$，如图 3-1-1 所示。

上述作图求特性黏度 $[\eta]$ 的方法称为稀释法或外推法，结果较为可靠。但在实际工作中，往往由于试样少，或要测定大量同品种的试样，为了简化操作，可采用"一点法"，即在一个浓度下测定 η_{sp}，直接计算出特性黏度 $[\eta]$ 值。一点法求 $[\eta]$ 的方程：

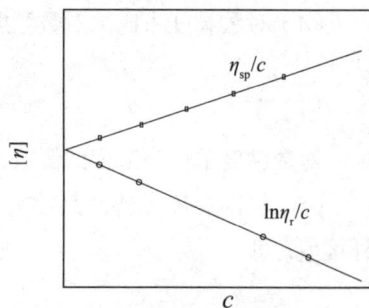

图 3-1-1　$\ln\eta_r/c$ 和 η_{sp}/c 对 c 作图

$$[\eta] = \frac{1}{2}\sqrt{2(\eta_{sp} - \ln \eta_r)} \tag{9}$$

5. 毛细管黏度计法

用黏度法测定聚合物分子量，关键在于聚合物溶液特性黏度$[\eta]$的测定。目前最常用的方法是毛细管黏度计法。常用的黏度计为稀释型乌氏（Ubbelohde）黏度计，如图3-1-2所示，其特点是溶液的体积对测量没有影响，可以在黏度计内对待测溶液进行逐步稀释以得到不同浓度的聚合物溶液。

液体在毛细管黏度计内因重力作用而流出是遵守泊肃叶（Poiseuille）定律的：

$$\frac{\eta}{\rho} = \frac{\pi hgr^4 t}{8lv} - m\frac{V}{8\pi lt} \tag{10}$$

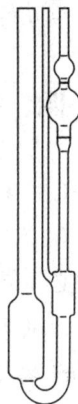

图3-1-2　乌氏黏度计

式中：ρ为液体的密度；l为毛细管长度；r为毛细管半径；t为流出时间；h为流经毛细管液体的平均液柱高度；g为重力加速度；V为流经毛细管的液体体积；m为与毛细管的几何形状有关的常数，在$r/l \ll 1$时，可取$m=1$。

对某一支指定的黏度计而言，令

$$a = \frac{\pi hgr^4 t}{8lV} \quad \beta = m\frac{V}{8\pi l} \quad 则 \quad \frac{\eta}{\rho} = at - \frac{\beta}{t} \tag{11}$$

式中：$\beta < 1$，当$t > 100s$时，等式右边第二项可以忽略。设溶液的密度ρ与溶剂密度ρ_0近似相等。这样，通过测定溶液和溶剂的流出时间t和t_0（t和t_0分别为溶液和溶剂在毛细管中的流出时间，即液面经过刻线a和b所需时间），就可求算黏度比η_r：

$$\eta_r = \frac{\eta}{\eta_c} = \frac{t}{t_c} \tag{12}$$

聚合物溶液浓度一般在0.01g/mL以下，使η_r值在1.05-2.5之间较为适宜，η_r最大不应超过3.0。而对于给定的聚合物，溶剂的选择需要满足其在所用毛细管黏度计中流经刻线a和b所需时间t和t_0均大于100s，这样式（12）才适用。

三、仪器和药品

1. 仪器

乌氏黏度计（图3-1-2，要求溶剂流出时间大于100s，1支），恒温水槽（图3-1-3，温度波动不大于0.05℃，1套），容量瓶（100mL，2只），3号玻璃砂芯漏斗（2只），移液管（5mL、10mL，各2支），秒表（1/10s，1块），洗耳球（1只）。

测量聚合物分子量用的主要仪器是毛细管黏度计和恒温槽，其中恒温槽温度由微电子调节系统，控制具有较高的温度控制精度，具有玻璃窗口，方便观察和测量。

图3-1-3　恒温水槽

2. 药品

① 待测聚合物：聚苯乙烯。

② 溶剂：甲苯，丙酮（分析纯）。

四、实验步骤

（1）根据实验需要将恒温槽温度调节至(25 ± 0.05)℃或(30 ± 0.05)℃。

（2）配置聚合物溶液。黏度法测定聚合物分子量，选择高分子—溶剂体系时，常数K、a值必须是已知的而且所用溶剂应该具有稳定、易得、易于纯化、挥发性小、毒性小等特点。为控制测定过程中η_r在$1.2 \sim 2.0$之间，浓度一般为$0.001 \sim 0.01$g/mL。于测定前几天，用100mL容量瓶把待测聚合物试样溶解于溶剂中配成已知浓度的溶液。

准确称取$100 \sim 500$mg待测聚合物放入100mL清洁干燥的容量瓶中，倒入约80mL甲苯，使之溶解，待聚合物完全溶解之后，放入已调节好的恒温槽中，容量瓶也放入恒温槽中。再加溶剂至刻度，取出摇匀，用3号玻璃砂芯漏斗过滤到另一100mL容量瓶中，放入恒温槽恒温待用，容量瓶及玻璃砂芯漏斗，用后立即洗涤。玻璃砂芯漏斗要用含30%硝酸钠的硫酸溶液洗涤，再用蒸馏水抽滤，烘干待用。

（3）洗涤黏度。黏度计和待测液体是否清洁，是决定实验成功的关键之一。由于毛细管黏度计中毛细管的内径一般很小，容易被溶液中的灰尘和杂质所堵塞，一旦毛细管被堵塞，则溶液流经刻度线a和b所需时间无法重复和准确测量，导致实验失败。若是新的黏度计，先用洗液浸泡，再用自来水洗3次，蒸馏水洗3次，烘干待用。对已用过的黏度计，则先用甲苯灌入黏度计中浸洗除去留在黏度计中的聚合物，尤其是毛细管部分要反复用溶剂清洗，洗毕，将甲苯溶液倒入回收瓶中，再用洗液、自来水，蒸馏水洗涤黏度计，最后烘干。

（4）测定溶剂的流出时间。本实验用乌氏黏度计。它是气承悬柱式可稀释的黏度计，把预先经严格洗净，检查过的洁净黏度计垂直夹持于恒温槽中，使水面完全浸没小球M_1。用移液管吸10mL甲苯，从A管注入E球中。于25℃恒温槽中恒温3min，然后进行流出时间t_0的测定。用手捏住C上管口，使之不通气，在B管用洗耳球将溶剂从E球经毛细管、M_2球吸入M_1球，然后先松开洗耳球后，再松开C管，让C管通大气。此时液体即开始流回E球。此时操作者要集中精神，用眼睛水平地注视正在下降的液面，并用秒表准确地测出液面流经a线与b线之间所需的时间，并记录。重复上述操作三次，每次测定相差不大于0.2s，而连续所得的数据是递增或递减（表明溶液体系未达到平衡状态），这时应认为所得的数据不可靠的，可能是温度不恒定，或浓度不均匀，应继续测定。

（5）溶液流出时间的测定。

①测定t_0后，将黏度计中的甲苯倒入回收瓶，并将黏度计烘干，用干净的移液管吸取已恒温好的被测溶液10mL，移入黏度计（注意尽量不要将溶液沾在管壁上），恒温3min，按前面的步骤，测定溶液（浓度c_1）的流出时间t_1。

②用移液管加入10mL预先恒温好的甲苯，对上述溶液进行稀释，稀释后的溶液浓度（c_2）即为起始浓度的1/2，然后用同样的方法测定浓度为c_2的溶液的流出时间t_2。与此同时，依次加入甲苯10mL、10mL，使溶液浓度成为起始的1/3和1/4，分别测定其流出时间并记录下来。注意每次加入纯试剂后，一定要混合均匀，每次稀释后都要将稀释液抽洗黏度计的E球、毛细管、M_2球和M_1球，使黏度计内各处溶液的浓度相等，且要等到恒温后再测定。

（6）黏度计洗涤。测量完毕后，取出黏度计，将溶液倒入回收瓶，用纯溶剂反复清洗几次，烘干，并用热洗液装满，浸泡数小时后倒去洗液，再用自来水、蒸馏水冲洗，烘干备用。

（7）注意事项。

①黏度计必须洁净，高聚物溶液中若有絮状物不能将它移入黏度计中。

②本实验溶液的稀释是直接在黏度计中进行的，因此每加入一次溶剂进行稀释时必须混合均匀，并抽洗毛细管、M_1球和M_2球。

③实验过程中恒温槽的温度要恒定，溶液每次稀释恒温后才能测量。

④黏度计要垂直放置。实验过程中不要振动黏度计。

五、数据分析和结果处理

（1）实验数据记录于表3-1-2中。

（2）采用外推法计算聚苯乙烯的黏均分子量M_η。根据哈金斯方程和克拉默方程如图3-1-1作图，外推至浓度$c\rightarrow0$得截距，就得特性黏度$[\eta]$，将$[\eta]$带入式（6），即可换算出聚苯乙烯的黏均分子量M_η。

（3）采用"一点法"由每一个浓度下得到的黏度值计算聚苯乙烯的黏均分子量M_η。

表3-1-2　黏度测量记录表

日期_____；试样_____；溶剂_____；黏度计号_____；
恒温槽温度_____；溶剂浓度c_1_____；
溶剂馏出时间（1）_____（2）_____（3）_____；平均值t_0_____。

| 加入溶剂量/mL | 相对浓度 | 流出时间 | | | 平均值/s | η_r | η_{sp} | $[\eta]$ |
		（1）	（2）	（3）				

六、思考题

（1）乌氏黏度计与奥氏黏度计有何不同，此不同点起了什么作用，有何优点？

（2）为什么说黏度法测定聚合物分子量是相对方法？查K、a值时应注意什么？

（3）为什么测定黏度时黏度计一要垂直，二要放入恒温槽内？乌氏黏度计中的毛细管为什么不能太粗或太细？

（4）黏度法测定聚合物的分子量都有哪些影响因素？

七、参考文献

［1］何曼君，等. 高分子物理［M］. 上海：复旦大学出版社，2000.

［2］雷群芳. 中级化学实验［M］. 北京：科学出版社，2005.

［3］李允明. 高分子物理实验［M］. 杭州：浙江大学出版社，1996.

实验二　相差显微镜法观察高分子合金的织态结构

（实验时间：4h）

一、目的和要求

（1）了解相差显微镜的原理和使用方法。

（2）制备聚苯乙烯（PS）/聚甲基丙烯酸甲酯（PMMA）合金薄膜。

（3）用相差显微镜观察不同配比的PS/PMMA合金薄膜的相结构。

二、原理

1. 高分子合金

从传统上说，合金是指金属合金，即在一种金属元素基础上，加入其他元素，组成具有金属特性的新材料。所谓高分子合金是由两种或两种以上高分子材料构成的复合体系，并非指真正含金属元素的高分子化合物，而是指不同种类的高聚物，通过物理或化学方法共混，以形成具有所需性能的高分子混合物新材料。在高分子合金中，不同高分子的特性可以得到优化组合，从而显著改进材料的性能，或赋予材料新的性能。

高分子合金制备简易，并且随着组分的改变，可以得到多样化的物理性能。制备高分子合金的方法主要分化学方法和物理方法两大类。其中物理方法比较简单，如溶液共混法，即将两种以上高分子溶液混合在一起，然后蒸去溶剂即可以得到混合均匀的高分子合金；熔融共混法，即将两种以上高分子加热到其熔融温度以上，采用机械搅拌的方法让其混合均匀，然后冷却即得到高分子合金。化学方法主要有共聚、接枝和嵌段等方法；所谓共聚是指在合成过程中引入第二、第三单体，这样聚合得到主链含有不同单体重复单元的聚合物；接枝是指在某一聚合物主链上，采用共价键连接的方法将另一种聚合物的链段键接上去，形成了一种带支链结构的聚合物；嵌段聚合物指两种以上不同聚合物的线性链间由共价键相连而形成的含多组分聚合物。与绝大多数金属合金都是互容的均相体系不同的是，大多数高分子合金都是互不相容的非均相体系，而组分的相容性从根本上制约着合金的形态结构，是决定材料性能的关键。如何改善共混物组分间的相容性，进而进行相态设计和控制，是获得有实用价值的高性能高分子合金材料的一个重要课题。对合金的织态结构形态、尺寸的研究对制备高性能高分子合金具有重要的意义。高分子合金织态结构的研究方法主要有电子显微镜法、光学显微镜法、光散射法和中子散射法等。光学显微镜法最为简单易行和直观，其中相差显微镜（也称相衬显微镜）适合于观察 $0.5\mu m$ 以上的相态结构。

2. 相差显微镜原理

相差显微镜是荷兰科学家 Zermike 于 1935 年发明的，用于观察未染色标本的显微镜。活细胞和未染色的生物标本，因细胞各部细微结构的折射率和厚度的不同，光波通过时，波长和振幅并不发生变化，仅相位发生变化（振幅差），这种振幅差人眼无法观察。而相差显微镜通过改变这种相位差，并利用光的衍射和干涉现象，把相差变为振幅差来观察活细胞和未染色的标本。相差显微镜和普通显微镜的区别是：用环状光栅代替可变光栅，用带相板的物镜代替普通物镜，并带有一个合轴用的望远镜。

普通的显微观察是根据物体对光线的不同吸收来区别的，即图像的反差是由光的吸收差异产生的。对于单色光的场合，样品各个结构部分由于对光线吸收大小不同而显示出不同的亮度，也就是振幅的差别；在采用白光照明的场合则还会由于对不同光谱吸收的不同而改变光谱成分，从而显示出不同的颜色。这种能引起光线振幅变化的物体称为振幅物体。另有一类物体，它们是完全透明的，而由于不同折射率的结构组成。由于不吸收光线，不能产生明暗或色彩反差，其结构不能被普通显微镜识别，但由于物体中不同结构部分具有不同的折射率，使光线通过物体后产生一定的相位差，这类物体称为相位物体。表 3-2-1 比较了振幅物体与相位物体间的区别和观察方法。

表 3-2-1　振幅物体与相位物体区别和观察方法

物体类型	定义	观察方式	观察原理
振幅物体	能引起光线振幅变化的物体称为振幅物体	普通显微镜	根据物体对光线的吸收差异来区别。 ①单色光：样品各个结构部分由于对光线吸收大小的不同而显示出不同的亮度，也就是振幅的差别； ②白光：除了因对同种光谱的吸收差异而产生振幅的差别外，还由于对不同光谱的吸收不同而改变光谱的成分，从而显示出不同的颜色

续表

物体类型	定义	观察方式	观察原理
相位物体	完全透明，不吸收光线，不能产生明暗或色彩反差，其结构不能被普通显微镜识别；但由于物体中不同结构部分具有不同的折射率，使光线通过物体后产生一定的相位差，这类物体称为相位物体	相差显微镜	相位差不能被眼睛所识别，也不能在照相材料上形成反差，但通过一定的光学装置将相位差转变为振幅差后，就可以进行观察

当光线穿过一折射率为n，厚度为d的物体时，光程长度为nd，其物理意义是光线穿过这一物体所需的时间。图3-2-1（a）中表示同一种物质，其折射率为n，但不同地方物质的厚度不一样，物体上有一深度为d的微小凹口。此时通过物体其他地方与通过凹口处的光线的光程差为Δ，$\Delta=(n-1)d$。图3-2-1（b）为另一种情况，试样的厚度相同为d，但不同的地方由不同的物质组成，其折射率不同，某部分的折射率为n'，周围部分的折射率为n，其中光程差为$\Delta=(n'-n)d$。但是，光程差不能被眼睛所识别，也不能在照相材料上形成反差。相差显微镜

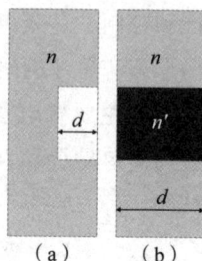

图3-2-1　相位物体

的基本原理是，把透过样品的可见光的光程差变成振幅差，从而提高了各种结构间的对比度，使各种结构变得清晰可见。光线透过样品后发生折射，偏离了原来的光路，同时被延迟了1/4波长，如果再增加或减少1/4波长，则光程差变为1/2波长，两束光合轴后干涉加强，振幅增大或减小，提高反差。

相差显微镜（图3-2-2）将光程差变为振幅差的工作是由一个相环和相板完成的，它们可以将直接通过物体的直接光和衍射光区分开来，并进行干涉成像。环形光阑（相环）位于光源与聚光器之间，作用是使透过聚光器的光线形成空心光锥，聚焦到样品上。相板在物镜中加了涂有氟化镁的相板，可将直射光或衍射光的相位推迟1/4波长，从而使像的反差（对比度）大幅度增强。带有相板的物镜称为相差物镜。当光学系统性能良好时，人眼能分率的最小反差约为0.02。

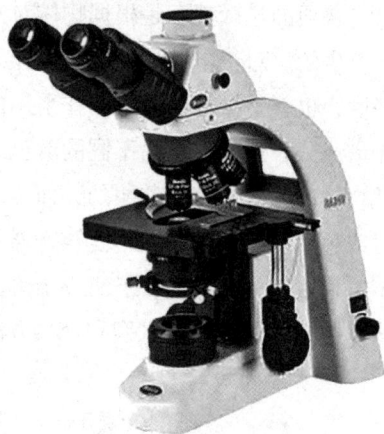

图3-2-2　相差显微镜

一般的相差聚光器上都装有数个环状光阑可以方便地进行转换，而相板是装在物镜中的，因此环状光阑必须与物镜匹配，即在使用时应选择与物镜上号码相同的环状光阑。

环状光阑的像必须与相板共轭面完全吻合，才能实现对直射光和衍射光的特殊处理。否则应被吸收的直射光被泄掉，而不该吸收的衍射光反被吸收，应推迟的相位有的不能被推迟，这样就不能达到相差镜检的效果。相差显微镜配备有一个合轴调节望远镜，用于合

轴调节。使用时拨去一侧目镜，插入合轴调节望远镜，旋转合轴调节望远镜的焦点，便能清楚看到一明一暗两个圆环。再转动聚光器上的环状光阑的两个调节钮，使明亮的环状光阑圆环与暗的相板上共轭面暗环完全重叠（图3-2-3）。调好后取下望远镜，换上目镜即可进行镜检观察。

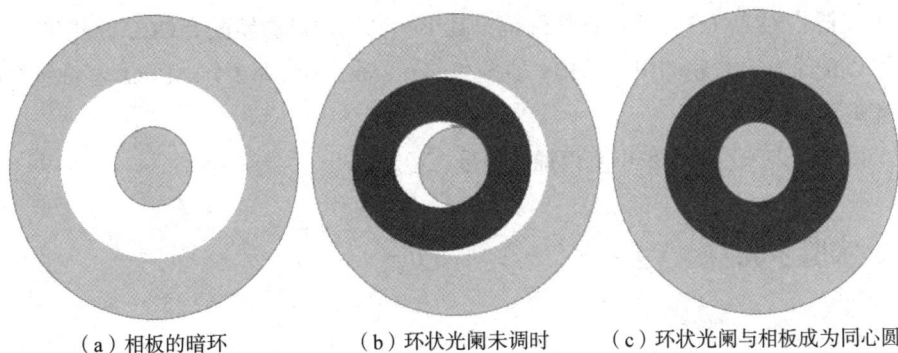

（a）相板的暗环　　　　　（b）环状光阑未调时　　　　（c）环状光阑与相板成为同心圆

图3-2-3　相板和环状光阑的调节

　　另外，由于使用的光源为白光，常引起相位的变化，为了获得良好的相差效果，相差显微镜要求使用波长范围比较窄的单色光，通常是用绿色滤光片来调整光源的波长。

　　3.相差显微镜使用中的几个问题

　　（1）视场光阑与聚光器的孔径光阑必须全部开大，而且光源要强。因环状光阑遮掉大部分光，物镜相板上共轭面又吸收大部分光。

　　（2）晕轮和渐暗效应在相差显微镜成像过程中，某一结构由于相位的延迟而变暗时，并不是光的损失，而是光在像平面上重新分配的结果。因此在黑暗区域明显消失的光会在较暗物体的周围出现一个明亮的晕轮，这是相差显微镜的缺点，它妨碍了精细结构的观察。当环状光阑很窄时晕轮现象更为严重。相差显微镜的另一个现象是渐暗效应或称为作用带，它是指相差观察相位延迟相同的较大区域时，该区域边缘会出现反差下降。

　　（3）样品厚度一般以5～10μm为宜，否则会引起其他光学现象，影响成像质量。当采用较厚的样品时，样品的上层是清楚的，深层则会模糊不清并且会产生相位移干扰及光的散射干扰。

　　（4）载玻片、盖玻片的厚度应遵循标准，不能过薄或过厚。当有划痕、厚薄不匀或凹凸不平时会产生亮环歪斜及相位干扰。玻片过厚或过薄时会使环状光阑亮环变大或变小。

　　4.相差显微镜在高分子科学中的应用

　　几乎所有的高分子材料都是无色透明的，在普通显微镜中不能形成反差。由于高分子合金中不同组分折光指数不同，因此可以采用相差显微镜进行观察，其适用的折射率差值一般在0.002～0.004以上。大多数实际的共混高聚物的织态结构要更复杂些，通常也没有这样规则，可能出现各种过渡形态，或者几种形式同时存在。特别对于一个组分能结晶，或者两个组分都能结晶的共混高聚物，则其聚集态结构中又增加了晶相和非晶相的织态结构，变得更为复杂。由于当光线透过结晶聚合物试样时在晶相和非晶相之间也存在相位差，可以用相差显微镜进行观察。

三、仪器和样品

（1）仪器：XSZ-H7相差生物显微镜，其中一台相差显微镜配有CCD照相机，与电脑联机，可以记录合金薄膜的织态结构；真空烘箱；25mL容量瓶2个；10mL容量瓶5个；载玻片；盖玻片。

（2）试样：聚苯乙烯，聚甲基丙烯酸甲酯，甲苯。

四、实验步骤

1.制样

（1）采用溶液共混的方法制备一系列聚苯乙烯和聚甲基丙烯酸甲酯的混合甲苯溶液。

首先将12.5mg的聚苯乙烯和12.5mg聚甲基丙烯酸甲酯分别溶于25mL的甲苯溶液中得到浓度为0.5mg/mL的聚苯乙烯甲苯溶液和聚甲基丙烯酸甲酯甲苯溶液；按PS∶PMMA=1∶9、PS∶PMMA=3∶7、PS∶PMMA=5∶5、PS∶PMMA=7∶3、PS∶PMMA=9∶1于10mL容量瓶内配制聚苯乙烯和聚甲基丙烯酸甲酯的混合甲苯溶液。例如：分别吸取1mL 0.5mg/mL的聚苯乙烯甲苯溶液和9mL 0.5mg/mL的聚甲基丙烯酸甲酯甲苯溶液放入10mL的容量瓶中混合均匀。

（2）制备合金薄膜样片。

①用滴管吸取上述混合溶液滴几滴于干净的载玻片上，铺展开来，让甲苯溶液自然挥发完全，再置于真空烘箱中干燥1h。

②用滴管吸取上述混合溶液滴几滴于干净的载玻片上，铺展开来，盖上盖玻片，置于真空烘箱中于120℃退火处理2h。

2.显微观察

（1）接通相差显微镜电源，把光源亮度调整到合适的强度。

（2）把待观察的载玻片样品放到载物台上，选择10倍数的物镜，并选用与物镜配套的环状光栅，将物镜调到较接近于试样。

（3）取出一个目镜，插入合轴望远镜，调节望远镜聚焦螺旋使能清楚观察到物镜相板与环状形光阑的像，将环状光阑调整到与相板同心。取下对合轴望远镜，换上显微镜目镜。

（4）聚集观察，调节显微镜载物台的上下调节钮，先粗调（眼睛从侧面看着物镜端部，注意不要让物镜碰到样品），再细调到能清晰地观察到样品。可利用工作台纵向、横向移动手轮来移动样品，观察不同区域的分相情况。

（5）观察、对比不同配比的样品在相态结构上的区别。

3.照相与记录

在配有CCD照相机的相差显微镜上对不同配比的合金薄膜的织态结构进行照相和记录。

五、数据分析和结果处理

对不同PS/PMMA样品的相态结构进行描述，并指出分散相的尺寸。比较样品制备方法A和B所得样品的分相情况和相形态。

六、思考题

（1）相差显微镜是根据试样的什么性质进行观察的？

（2）当载玻片或盖玻片有厚薄不匀等缺陷时，为什么说对相差显微镜观察的影响比普通显微镜大？

（3）随PS/PMMA比例的变化，PS/PMMA共混薄膜的相态结构是如何演变的？

七、参考文献

[1]张留成，等.高分子材料基础［M］.2版.北京：化学工业出版社，2007.

[2]何曼君，等.高分子物理［M］.上海：复旦大学出版社，2000.

[3]XSZ-H7相差生物显微镜说明书.

[4]李允明.高分子物理实验［M］.杭州：浙江大学出版社，1996.

实验三 高阻计法测定高分子材料的体积电阻率和表面电阻率

（实验时间：4h）

一、目的和要求

（1）了解聚合物电性能的一般知识。

（2）了解超高阻微电流计的使用方法和实验原理。

（3）测出聚合物样品的体积电阻率及表面电阻率，分析聚合物样品的电性能与聚合物样品的组成间的关系。

二、原理

1. 聚合物的电性能

高分子材料的电学性能是指在外加电场作用下材料所表现出来的介电性能、导电性能、电击穿性质以及与其他材料接触、摩擦时所引起的表面静电性质等。最基本的是电导性能和介电性能，前者包括电导（电导率γ，电阻率$\rho=1/\gamma$）和电气强度（击穿强度E_b）；后者包括极化（介电常数ε_r）和介质损耗（损耗因数$\tan\delta$）。共四个基本参数。

种类繁多的高分子材料的电学性能是丰富多彩的。就导电性而言，高分子材料可以是绝缘体、半导体和导体，其电阻率范围见表3-3-1。多数聚合物材料具有卓越的电绝缘性能，其电阻率高、介电损耗小，电击穿强度高，加之又具有良好的力学性能、耐化学腐蚀性及易成型加工性能，使它比其他绝缘材料具有更大实用价值，已成为电气工业不可或缺的材料。高分子绝缘材料必须具有足够的绝缘电阻。绝缘电阻决定于体积电阻与表面电阻。由于温度、湿度对体积电阻率和表面电阻率有很大影响，为满足工作条件下对绝缘电阻的要求，必须知道体积电阻率与表面电阻率随温度、湿度的变化。

表3-3-1　各种材料的电阻率范围

材料	电阻率/（Ω·m）	材料	电阻率/（Ω·m）
超导体	$\leqslant 10^{-8}$	半导体	$10^{-5} \sim 10^{7}$
导体	$10^{-8} \sim 10^{-5}$	绝缘体	$10^{7} \sim 10^{18}$

除了控制材料的质量外，测量材料的体积电阻率还可用来考核材料的均匀性、检测影响材料电性能的微量杂质的存在。另外，绝缘电阻或电阻率的测量还可以用来指示绝缘材料在其他方面的性能，例如介质击穿、损耗因数、含湿量、固化程度、老化等。表3-3-2为高分子材料的电学性能及其测量的意义。

表3-3-2　高分子材料的电学性能及其测量的意义

电学性能	电导性能	电导（电导率γ，电阻率$\rho=1/\gamma$）
		强度（击穿强度E_b）
	介电性能	极化（介电常数ε_r）
		介质损耗（损耗因数$\tan\delta$）
测量的意义	实际意义	电容器要求材料介电损耗小，介电常数大，电气强度高
		仪表的绝缘要求材料电阻率和电气强度高，介电损耗低
		高频电子材料要求高频、超高频绝缘
		塑料高频干燥、薄膜高频焊接、大型制件的高频热处理要求材料介电损耗大
		纺织和化工为消除静电带来的灾害要求材料具适当导电性
	理论意义	研究聚合物结构和分子运动

2. 电阻和电阻率

（1）绝缘电阻：施加在与试样相接触的二电极之间的直流电压除以通过两电极的总电流所得的商。它取决于体积电阻和表面电阻。

（2）体积电阻：在试样的相对两表面上放置的两电极间所加直流电压与流过两个电极之间的稳态电流之商；该电流不包括沿材料表面的电流。在两电极间可能形成的极化忽略不计。

（3）体积电阻率：绝缘材料里面的直流电场强度与稳态电流密度之商，即单位体积内的体积电阻。

（4）表面电阻：在试样的某一表面上两电极间所加电压与经过一定时间后流过两电极间的电流之商；该电流主要为流过试样表层的电流，也包括一部分流过试样体积的电流成分。在两电极间可能形成的极化忽略不计。

（5）表面电阻率：在绝缘材料的表面层的直流电场强度与线电流密度之商，即单位面积内的表面电阻。

3. 高阻计的测量原理

根据上述定义，绝缘体的电阻测量基本上与导体的电阻测量相同，其电阻一般都用电压与电流之比得到。现有的方法可分为三大类：直接法，比较法，时间常数法。

这里介绍直接法中的直流放大法，也称高阻计法。该方法采用直流放大器，对通过试样的微弱电流经过放大后，推动指示仪表，测量出绝缘电阻，基本原理见图3-3-1。

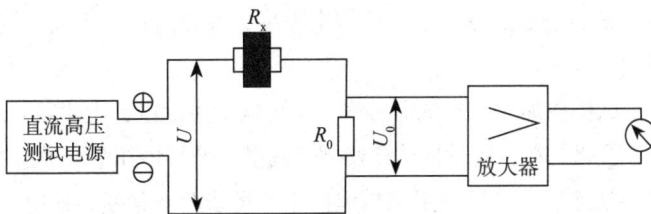

图3-3-1　高电阻测试仪测试原理

图中，U为测试电压（V），R_0为输入电阻（Ω），R_x为被测试试样的绝缘电阻（Ω）。当$R_0 \leqslant R_x$时，则

$$R_x = (U/U_0)R_0 \tag{1}$$

式中：R_x为试样电阻（Ω）；U为试验电压（V）；U_0为标准电阻R_0两端电压（V）；R_0为标准电阻（Ω）。

测量仪器中有数个不同数量级的标准电阻，以适应测不同数量级R_x的需要，被测电阻可以直接读出。高阻计法一般可测10^{17}Ω以下的绝缘电阻。

从R_x的计算公式看到R_x的测量误差决定于测量电压U、标准电阻R_0以及标准电阻两端的电压U_0的误差。

4.高阻计测量电阻的影响因素

通常，绝缘材料用于电气系统的各部件相互绝缘和对地绝缘，固体绝缘材料还起机械支撑作用。一般希望材料有尽可能高的绝缘电阻，并具有合适的机械、化学和耐热性。绝缘材料的电阻率一般都很高，也就是传导电流很小。如果不注意外界因素的干扰和漏电流的影响，测量结果就会发生很大的误差。同时绝缘材料本身的吸湿性和环境条件的变化对测量结果也有很大影响。

影响体积电阻率和表面电阻率测试的主要因素是温度和湿度、电场强度、充电时间及残余电荷等。体积电阻率可作为选择绝缘材料的一个参数，电阻率随温度和湿度的变化而显著变化。体积电阻率的测量常常用来检查绝缘材料是否均匀，或者用来检测那些能影响材料质量而又不能用其他方法检测到的导电杂质。由于体积电阻总是要被或多或少地包括到表面电阻的测试中去，因此只能近似地测量表面电阻，测得的表面电阻值主要反映被测试样表面污染的程度。所以，表面电阻率不是表征材料本身特性的参数，而是一个有关材料表面污染特性的参数。当表面电阻较高时，它常随时间以不规则的方式变化。

（1）温度和湿度：固体绝缘材料的绝缘电阻率随温度和湿度的升高而降低，特别是体积电阻率随温度改变而变化非常大。因此，电瓷材料不但要测定常温下的体积电阻率，而且要测定高温下的体积电阻率，以评定其绝缘性能的好坏。由于水的电导大，随着湿度增大，表面电阻率和有开口孔隙的电瓷材料的体积电阻率急剧下降。因此，测定时应严格地按照规定的试样处理要求和测试的环境条件下进行。

（2）电场强度：当电场强度比较高时，离子的迁移率随电场强度增高而增大，而且在接近击穿时还会出现大量的电子迁移，这时体积电阻率大大地降低。因此在测定时，施加的电压应不超过规定的值。

（3）残余电荷：试样在加工和测试等过程中，可能产生静电，电阻越高越容易产生静电，影响测量的准确性。因此，在测量时，试样要彻底放电，即可将几个电极连在一起进行短路。

（4）杂散电势的消除：在绝缘电阻测量电路中，可能存在某些杂散电势，如热电势、电解电势、接触电势等，其中影响最大的为电解电势。用高阻计测量表面潮湿的试样的体积电阻时，测量极与保护极间可产生20mV的电势。试验前应检查有无杂散电势。可根据试样加压前后高阻计的二次指示是否相同来判断有无杂散电势。如相同，证明无杂散电势；否则应当寻找并排除产生杂散电势的根源，才能进行测量。

（5）防止漏电流的影响：对于高电阻材料，只有采取保护技术才能去除漏电流对测量的影响。保护技术就是在引起测量误差的漏电路径上安置保护导体，截住可能引起测量误差的杂散电流，使之不流经测量回路或仪表。保护导体连接在一起构成保护端，通常保护端接地。测量体积电阻时，三电极系统的保护极就是保护导体。此时要求保护电极和测量电极间的试样表面电阻高于与它并联元件的电阻10～100倍。线路接好后，应首先检查是否存在漏电。此时断开与试样连接的高压线，加上电压。如在测量灵敏度范围内，测量仪器指示的电阻值为无限大，则线路无漏电，可进行测量。

（6）条件处理和测试条件的规定：固体绝缘材料的电阻随温度、湿度的增加而下降。试样的预处理条件取决于被测材料，这些条件在材料规范中规定。推荐使用GB 10580《固体绝缘材料在试验前和试验时采用的标准条件》中规定的预处理方法。可使用甘油—水溶液潮湿箱进行湿度预处理。测试条件应尽可能与预处理条件保持一致，有某些情况下（如浸水处理），若不能保持预处理条件和测试条件一致，则应在从预处理环境中取出样品后，尽可能在短时间内完成测试，一般不超过5min。

（7）电化时间的规定：当直流电压加到与试样接触的两电极间时，通过试样的电流会指数式地衰减到一个稳定值。电流随时间的减小可能是由于电介质极化和可动离子位移到电极所致。对于体积电阻率小于$10^{10}\,\Omega\cdot m$的材料，其稳定状态通常在1min内达到。因此，要经过这个电化时间后测定电阻。对于电阻率较高的材料，电流减小的过程可能会持续几分钟、几小时、几天，因此需要用较长的电化时间。如果需要的话，可用体积电阻率与时间的关系来描述材料的特性。当表面电阻较高时，它常随时间以不规则的方式变化。测量表面电阻通常都规定1min左右电化时间。

三、仪器和样品

1.仪器

本实验选用PC-40B型高绝缘电阻测量仪（图3-3-2）。该仪器工作原理属于进接法中的直流放大法，测量范围$10^6 \sim 10^{17}\,\Omega$，误差$\leqslant 10\%$。

图3-3-2　PC-40B型高绝缘电阻测量仪外形图

1—"测试电阻"显示器　2—"时间"显示器　3—"方式选择"开关
4—"电压选择"开关　5—"电阻量程选择"开关　6—"输入"端　7—"接地"端
8—"高压输出"端　9—"时间"设定拨盘　10—"定时"设定开关　11—"电源"开关

用三电极系统（图3-3-3）测试绝缘材料的体积电阻和表面电阻。连接仪器和电极箱的对应端钮［图3-3-3（a）］。将被测材料的试样置于电极箱内，将箱内红色鳄鱼夹夹住测量电极，黑色鳄鱼夹夹住保护电极（电极之间千万不能互相接触，否则将损坏仪器），如图3-3-3（b）所示。

测试试样体积电阻时，电极箱上的选择开关置于R_v，此时箱内三电极的状态如图3-3-4（a）所示。

测试试样表面电阻时，电极箱上的选择开关置于R_s，此时箱内三电极的状态如图3-3-4（b）所示。

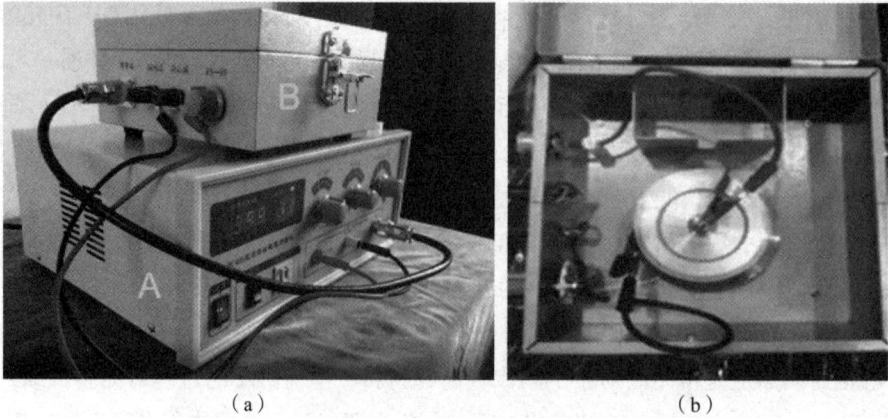

（a）　　　　　　　　　　　（b）

图3-3-3　三电极系统

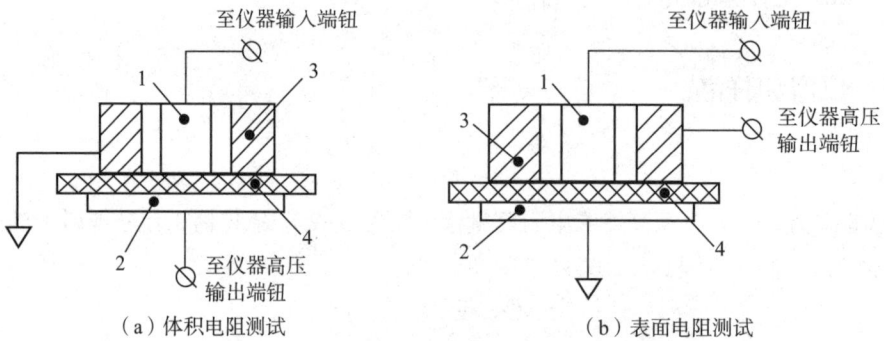

（a）体积电阻测试　　　　　　　（b）表面电阻测试

图3-3-4　体积电阻 R_v 和表面电阻 R_s 测量示意图

1—测量电极　2—不保护电极　3—保护电极　4—被测试样

本仪器所涉及三电极的尺寸是依据GB 1410《固体电工绝缘材料、绝缘电阻、体积电阻系数和表面电阻系数试验方法》中的规定制作的，其主要尺寸如下：

测量电极直径 d_1=5cm；

保护电极内径 d_2=5.4cm；

保护电极与测量电极间的间隙 g=0.2cm。

2. 样品

不同比例的聚丙烯与碳酸钙共混物样片［φ100圆板，厚（2±0.2）mm］5只。实验前，把试样放在温度（23±2）℃和相对湿度65%±5%的条件下处理24h。

四、实验步骤

1. 高阻计的预热

（1）使用前，高绝缘电阻测量仪面板上的各开关位置应如下：

①"电源开关"置于"关"的位置。

②"额定电压选择"开关置于所需要的电压档（一般额定电压为100V）。

③"方式选择"开关置于"放电"位置。

④"电阻量程选择"开关置于：

（a）当被测物的阻值为已知时，则选相应的档；

（b）当被测物的阻值为未知时，则选106Ω的档。

（c）"定时"设定开关置于"关"的位置。

（2）接通电源，合上电源开关，电源指示灯亮。预热10min。

2.聚合物样品的电阻测量

（1）将被测试样放置于保护电极和下电极间（图3-3-3）用测量电缆线和导线分别与信号输入端和测试电压输出端连接。

（2）将"电压选择"开关置于所需要的测试电压档。

（3）将"方式选择"开关置于"测试"位置，即可读数；如用定时器时，可将"定时"设定开关置于"开"的位置，待到达设定时间，即可自动锁定显示值。在进行下一次测试前，需将"定时"设定开关置于"关"的位置。

（4）在测试过程中：

①若发现显示为0.200以下，可将"电阻量程选择"开关降低一档，若降至"电阻量程选择"开关为106Ω档，显示值仍为0.200以下，即被测电阻小于200kΩ，处于仪器的最小量限外。应立即将"方式选择"开关置于"放电"位置，并停止测试，以免损坏仪器。如显示为1.999，可将"电阻量程选择"开关逐档升高，直至读数处于0.200～1.999之间。

②在测试绝缘电阻时，如发现显示值有不断上升的现象，这是由于介质的吸收现象所致，若在很长时间内未能稳定，在一般情况下是取其测试开始后1min时的读数，作为被测物的绝缘电阻值。

测量时先将R_v/R_s转换开关置于R_v测量体积电阻，然后置于R_s测量表面电阻。

（5）将仪器上的读数（单位为Ω）乘以"电阻量程选择"开关所指示的倍率，即为被测物的绝缘电阻值。例如：读数为1.203，"电阻量程选择"开关所指系数10^{11}，则被测电阻值为$1.203 \times 10^{11}\,\Omega$。

（6）然后进入下一个试样的测试：为了操作简便无误，测量绝缘材料体积电阻（R_v）和表面电阻（R_s）时采用了转换开关。当旋钮指在R_v处时，高压电极加上测试电压。保护电极接地，当旋钮指在R_s处时，保护电极加上测试电压，高压电极接地。

（7）测试完毕，将"方式选择"开关拨到"放电"位置后，方可拆下被测物，如被测物的电容量较大时（在0.01μF以上者）需经1min左右的放电，再能拆下被测物。

（8）仪器使用完毕，应先切断电源，将面板上各开关恢复到测试前的位置，拆除所有接线，将仪器安放保管好。

3.注意事项

（1）试样与电极应加以屏蔽（将屏蔽箱合上盖子），否则，由于外来电磁干扰而产生误差，甚至因指针的不稳定而无法读数。

（2）测试时，人体不可接触红色接线柱，不可取试样，因为此时"方式选择"开关处在"测试位置"，该接线柱与电极上都有测试电压，会产生危险。

（3）在进行体积电阻和表面电阻测量时，应先测体积电阻再测表面电阻。如果先测量表面电阻，材料可能会因极化而影响体积电阻的测量结果。当材料连续多次测量后容易产生极化，会使测量工作无法继续进行，出现指针反偏等异常现象，这时须停止对这种材料测试，置于净处8~10h后再测量或者放在无水酒精内清洗、烘干，等冷却后再进行测量。

（4）经过处理的试样及测量端的绝缘部分绝不能被脏物污染，以保证实验数据的可靠性。

（5）若要重复测量时，应将试样上的残余电荷全部放掉方能进行。

五、数据分析和结果处理

1.体积电阻率 ρ_v

$$\rho_v = R_v(A/h) \tag{2}$$
$$A = (\pi/4)d_2^2 = (\pi/4)(d_1 + 2g)^2 \tag{3}$$

式中：ρ_v 为体积电阻率（$\Omega \cdot m$）；R_v 为测得的试样体积电阻（Ω）；A 为测量电极的有效面积（m^2）；d 为测量电极直径（m）；h 为绝缘材料试样的厚度（m）；g 为测量电极与保护电极间隙宽度（m）。

2.表面电阻率 ρ_s

$$\rho_s = R_s(2\pi)/\ln(d_2/d_1) \tag{4}$$

式中：ρ_s 为表面电阻率（Ω）；R_s 为试样的表面电阻（Ω）；d_2 为保护电极的内径（m）；d_1 为测量电极的直径（m）。

3.需要的数据

d_1=5cm；d_2=5.4cm；h=0.2cm；g=0.2cm。

六、思考题

（1）为什么测量样品电性能时要对样品进行处理？对环境条件有何要求？

（2）对同一块样品，采用不同的电压测量。测量电压升高时，测得的电阻值将如何变化？

（3）通过实验说明为什么在工程技术领域中，用体积电阻率来表示介电材料的绝缘性质，而不用绝缘电阻或表面电阻率来表示？

（4）讨论体积电阻率和表面电阻率与聚合物样品的组成间的关系。

七、参考文献

［1］何曼君，等.高分子物理［M］.上海：复旦大学出版社，2000.

［2］王朝晖.影响绝缘电阻测量值的主要因素［J］.电工技术，1996，12：43-45.

［3］张滨秋.浅谈外界因素对电容器绝缘电阻测量值的影响［J］.信息技术，2001，25
（2）：27-29.

［4］PC-40B型高绝缘电阻测量仪说明书.

［5］李允明.高分子物理实验［M］.杭州：浙江大学出版社，1996.

实验四　偏光显微镜法观察聚合物球晶结构

（实验时间：4h）

一、目的和要求

（1）了解聚合物结晶的一般知识。

（2）了解偏光显微镜的原理、结构及使用方法。

（3）了解双折射体在偏光场中的光学效应及球晶黑十字消光图案的形成原理。

（4）观察聚丙烯熔体与浓溶液结晶生成的球晶形态，测定溶液结晶的球晶尺寸，判断球晶的正负性。

二、原理

1.聚合物的结晶

晶体和无定形体是聚合物聚集态的两种基本形式，很多聚合物都能结晶。聚合物在不同条件下形成不同的结晶，如单晶、球晶、纤维晶等，聚合物从熔融状态冷却时主要生成球晶。球晶是聚合物中最常见的结晶形态，大部分由聚合物熔体和浓溶液生成的结晶形态都是球晶。结晶聚合物材料的实际使用性能（如光学透明性、冲击强度等）与材料内部的结晶形态、晶粒大小及完善程度有着密切的联系，如较小的球晶可以提高冲击强度及断裂伸长率。球晶尺寸对于聚合物材料的透明度影响更为显著，由于聚合物晶区的折光指数大于非晶区，因此球晶的存在将产生光的散射而使透明度下降，球晶越小则透明度越高，当球晶尺寸小到与光的波长相当时可以得到透明的材料。因此，对于聚合物球晶的形态与尺寸等的研究具有重要的理论和实际意义。

球晶是以晶核为中心对称向外生长而成的。在生长过程中不遇到阻碍时形成球形晶体；如在生长过程中球晶之间因不断生长而相碰则在相遇处形成界面而成为多面体，在二度空间下观察为多边体结构。由分子链构成晶胞，晶胞的堆积构成晶片，晶片叠合构成微纤束，微纤束沿半径方向增长构成球晶。晶片间存在着结晶缺陷，微纤束之间存在着无定形夹杂物。

球晶的大小取决于聚合物的分子结构及结晶条件，因此随着聚合物种类和结晶条件的不同，球晶尺寸差别很大，直径可以从微米级到毫米级，甚至可以大到厘米。球晶尺寸主要受冷却速度、结晶温度及成核剂等因素影响。球晶具有光学各向异性，对光线有折射作用，因此能够用偏光显微镜进行观察，该法最为直观，且制样方便、仪器简单。聚合物球晶在偏光显微镜的正交偏振片之间呈现出特有的黑十字消光图像。有些聚合物生成球晶时，晶片沿半径增长时可以进行螺旋性扭曲，因此还能在偏光显微镜下看到同心圆消光图像。对于更小的球晶则可用电子显微镜进行观察或采用激光小角散射法等进行研究。

2.偏光显微镜原理

（1）相关概念（表3-4-1）。

表3-4-1 偏振光和双折射的相关概念

名称	概念
天然光	天然光可分解为与传播方向垂直的所有方向上的振动的矢量，并且各方向上的振幅相等
偏振光	偏振光是指矢量的振动方向有一定规律的光线。光矢量在一个平面内振动的光线称为线性偏振光，该平面称为振动面，可由天然光通过偏振器（如偏振片）获得
光学各向同性体	介质中的原子、分子等在三维空间完全无规排列时，对于任何入射方向和偏振方向的光线的折射率都是相等的，称为光学各向同性体
双折射体	对不同振动方向的偏振光有不同的折射率，这样的物体称为双折射体。
线性双折射体	对光线没有吸收的双折射体。这种物体对任意方向进入的光线一般都会分解成振动面互相垂直的两个偏振光，并具有不同的折射率

（2）双折射体的光学效应。入射线性偏振光PA与光轴成一定角度，于是入射光波分解为平行于光轴振动的异常波和与之垂直的正常波两个偏振光，分别以折射率n_e，n_0传播。设平板的厚度为d，则正常波与异常波在板中的光程分别为n_0d和n_ed，光线穿过平板时两波的光程差为$\Delta=(n_e-n_0)d$，变换成相位差为

$$\delta = \frac{2\pi}{\lambda} \times \Delta = \frac{2}{\lambda}(n_e - n_0)d \tag{1}$$

两个偏振光合成为具有δ相位差，振动方向互相垂直的光线。

在光路中放置两个互相垂直的偏振片P（起偏镜）和A（检偏镜），在两者之间放置一片双折射平板M，其光轴和偏振光片的偏振方向成45°，则由于偏光干涉作用，有光线通过检偏镜A，透射光强为

$$I = 2I_0(1 - \cos\delta) = I_0\sin^2(\frac{\delta}{2}) = I_0\sin^2(\frac{\pi}{\lambda} \times \Delta) \tag{2}$$

式中：I_0为起始透过光强。

偏光观察的意义：求得光程差Δ，然后由Δ和M的厚度即可以求得双折射率；已知双折射率而求得平板的厚度。

光程差的测量：直接法——在白色照明光下进行偏光干涉，由式（2）可知，对于给定

的Δ，不同波长的光有不同的透过强度。例如当Δ=540nm时，根据上式此时波长为540nm黄绿色的光通过为零，视野呈紫红色；相反可以通过透过光的颜色确定光程差，光程差在500～600nm附近变化时颜色变化最为显著，540nm最为敏感，称为敏锐色，可以认为是显微观察中的标准波长。

3.球晶的光学效应

（1）黑十字消光。球晶是由放射形的微纤束组成，这些微纤束为片晶，具有折叠链结构，其晶轴成螺旋取向。高聚物球晶在偏光显微镜下可以看到黑十字消光图案（maltese cross）。在正交偏光显微镜下观察，非晶体聚合物因为其各向同性，没有发生双折射现象，光线被正交的偏振镜阻碍，视场黑暗。球晶会呈现出特有的黑十字消光现象，黑十字的两臂分别平行于两偏振轴的方向。而除了偏振片的振动方向外，其余部分就出现了因折射而产生的光亮。黑十字消光图像是高聚物球晶的双折射性质和对称性的反映。一束自然光通过起偏器后，变成平面偏振光，其振动方向都在单一方向上。一束偏振光通过高分子球晶时，发生双折射，分成两束电矢量相互垂直的偏振光，它们的电矢量分别平行和垂直于球晶的半径方向，由于这两个方向上折射率不同，这两束光通过样品的速度是不等的，必然要产生一定的相位差而发生干涉现象，结果使通过球晶的一部分区域的光可以通过与起偏器处在正交位置的检偏器。而另一部分区域不能，最后分别形成球晶照片上的亮暗区域。球晶在偏光显微镜下可以看到黑十字消光图案。

从图3-4-1（a）能够看出聚丙烯（PP）的黑十字消光现象。环带球晶利用偏光显微镜观察，可以看到典型球晶具有的黑十字消光现象的同时还能看到规则分布的同心消光圆形环带，故称其为环带球晶。很多脂肪族聚酯都可以生成环带球晶，如聚ε-己内酯（PCL）、聚羟基丁酸酯（PHB）、聚葵二酸二酯等。图3-4-1（b）为PHB形成的环带球晶。

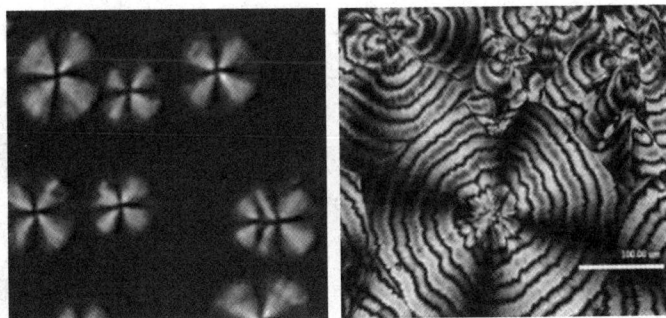

（a）黑十字消光　　　　　　　　（b）环带球晶

图3-4-1　PP球晶的黑十字消光和PHB的环带球晶

如图3-4-2所示，pp为通过其偏镜后的光线的偏振方向，aa为检偏镜的偏振方向。在球晶中，b轴为半径方向，c轴为光轴，当c轴与光波方向传播方向一致时，光率体切面为一个圆，当c轴与光率体切面相交时为一椭圆。在正交偏光片之间，光线通过检偏镜后只存在pp方向上的偏振光，当这一偏振光进入球晶后，由于在pp和aa方向上的晶体光率体切面的两个轴分别平行于pp和aa方向，光线通过球晶后不改变振动方向，因此不能通过检偏镜，呈黑暗。而介于pp和aa之间的区域由于光率体切面的两个轴与pp和aa方向斜交，pp振动方向的光进入球晶后由于光振动在aa方向上的分量，因此这四个区域变得明亮，聚乙烯球晶在偏光显微镜下还呈现一系列的同心消光圆环，这是由于在聚乙烯球晶中晶片是螺旋形的.即a轴与c轴在与b轴垂直的方向上转动，而c轴又是光轴，即使在四个明亮区域中的光率体切面也周期性地呈现圆形而造成消光。

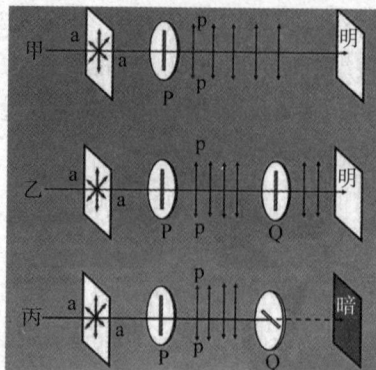

图3-4-2 正交偏光场中球晶的偏光干涉图

（2）球晶的正负。我们用半径方向上的折光指数 n_r 和垂直于半径方向（切线方向）的折光指数 n_i 来描述球晶的正负性，如果 $n_r > n_i$，则此球晶为正球晶，反之则称为负球晶。n_r 和 n_i 是由微晶的三个方向（a, b, c）上的折光指数 n_a, n_b, n_c 决定的。

正负球晶的判断：在正交偏振镜间插入一块补色器就可以从图像中观察到的干涉色来判断球晶的正负性。补色器是具有固定光程差的双折射平板。补色器是与正交偏振镜的偏振方向成45°插入的，当球晶为正时，Ⅰ，Ⅲ象限中光率体切面的长轴与补色器中的光率体椭圆切面的长轴一致，光程差增加，干涉色为蓝色；而Ⅱ，Ⅳ象限中的球晶光率体椭圆切面的长轴与补色器中的长轴不一致时，光程差减小，干涉色为黄色。如为负球晶则正好相反。

三、仪器和样品

1.仪器

带冷热台（THMSE600型冷热台，英国Linkam公司）的 DM 2700P 型偏光显微镜（徕卡仪器公司，配有显微摄影仪，并与计算机相连接，图3-4-3），X-5型精密显微熔点测定仪（用作热台），SMART-POL偏光显微镜。

2.样品

PP 或 PCL 均聚物（分子量分别为1.2万、4.5万和6.0万）。

（1）PP在线观察结晶现象；

（2）聚己内酯（PCL）熔体结晶在线观察；

（3）聚己内酯（PCL）在 $CHCl_3$，1.0%，30min下溶液中，常温下处理，观察球晶生长；

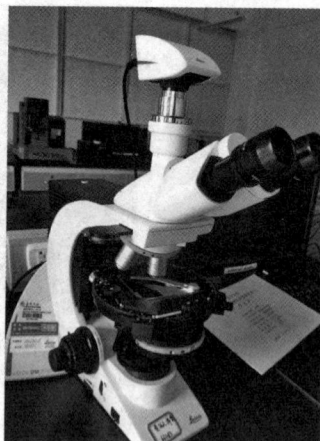

图3-4-3 偏光显微镜实验用实物图

（4）PCL 均聚物及 PCL 在 PCL/PVC 共混体系下，在四氢呋喃溶液中，浓度为1.0%，温度36℃观察球晶生长。

四、实验步骤

1. 球晶的制备

实验室有带热台的偏光显微镜可以在线观察，也可以制成结晶样品在普通偏光显微镜上观察。

（1）熔体结晶。将加热台的温度调整到PP在230℃左右、PCL在36℃左右，在加热台上放上载玻片，并将一小颗PP（或PLC）试样放在载玻片上，盖上盖玻片，熔融后用镊子小心地压成薄膜状。做两块同样的试样，做好后恒温10min，将其中的一片取出放在石棉板上以较快的速度冷却，另一片在加热台上并关掉加热电源，以较慢的速度冷却待用。

（2）浓溶液结晶。称取PCL（或PCL/PVC）数颗置于标记好的三只25mL磨口三口烧瓶中，加入一定量的四氢呋喃并加热溶解，然后分别置于不同温度下进行冷却结晶，根据实验时间的安排，样品制备可与老师预约提前完成。

2. 偏光显微镜观察

（1）在显微镜上装上物镜和目镜，打开照明电源，推入检偏镜，调整起偏镜角度至正交位置。

（2）在试板孔插入1λ石膏试板，观察干涉色。

（3）取少量溶液结晶生成的球晶悬浮液（慢冷）滴于载玻片上，并盖上盖玻片。

（4）将试样置于载物台中心，调焦至图像清晰。

（5）取少量溶液结晶生成的悬浮液（自然冷）制样观察。

（6）熔体结晶的样品进行同样观察。

3. 球晶直径的测量

（1）用物镜测微尺对目镜测微尺进行校正。将物镜测微尺放在载物台上，采用与观察试样时相同的物镜与目镜进行调焦观察，并将物镜测微尺与目镜测微尺在视野中调至平行或重叠，如测得目镜测微尺的N格与物镜测微尺的X格重合，则目镜测微尺上每格代表的真正长度D为：

$$D=0.01X/N \tag{3}$$

（2）移动视野，选择球晶形状较规则，数量较多的区域进行测量，然后寻找另一个视野，重复观察并拍照。

4. 球晶正负性的确定

对溶液结晶样品调好黑十字图像后再插入敏锐色补色器（1λ石膏试板），确定球晶的正负。

5. 注意事项

调焦时，应先使物镜接近样片，仅留一窄缝（不要碰到），然后一边从目镜中观察一边调焦（调节方向务必使物镜离开样片）至清晰。

使用仪器前先观看使用视频，掌握了仪器使用方法后方可操作。

五、数据分析和结果处理

图3-4-4~图3-4-7所示为偏光显微镜图像例子。

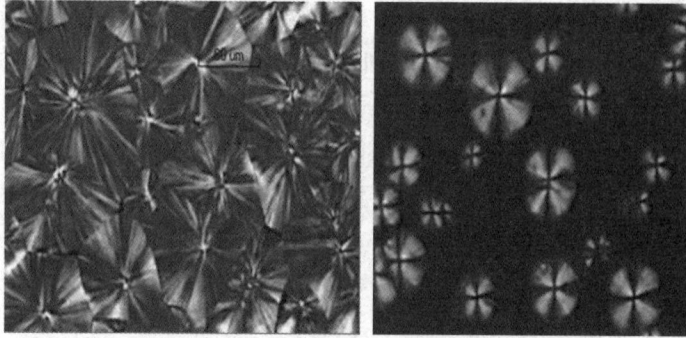

图3-4-4 PP结晶的POM图

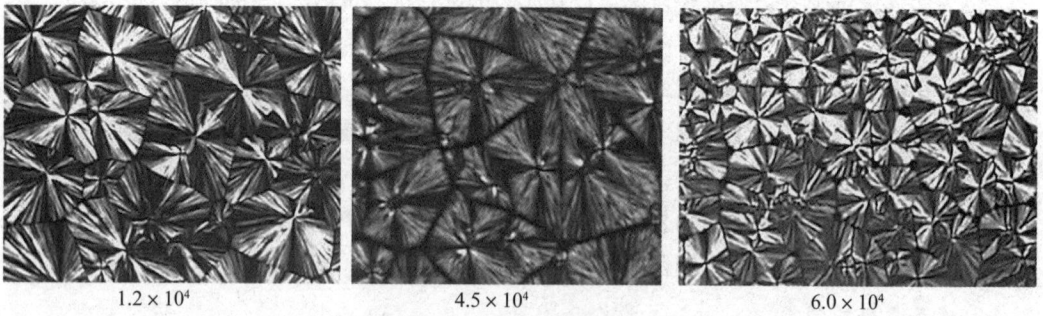

| 1.2×10⁴ | 4.5×10⁴ | 6.0×10⁴ |

图3-4-5 不同分子量的PCL均聚物结晶的POM图

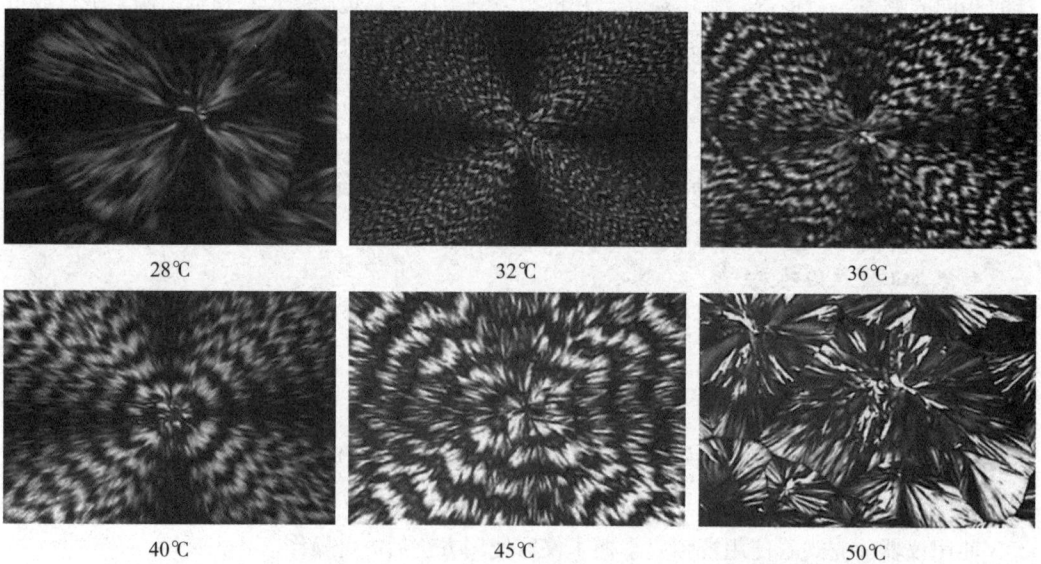

| 28℃ | 32℃ | 36℃ |
| 40℃ | 45℃ | 50℃ |

图3-4-6 PCL/PVC（90/10）共混体系中的PCL在不同温度下结晶的POM图

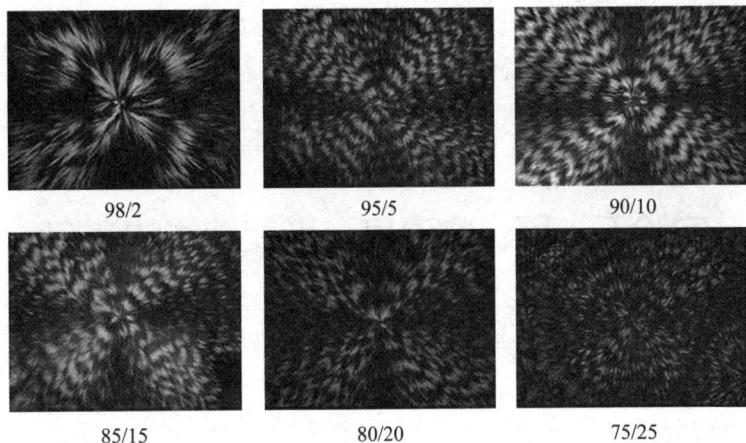

图3-4-7　PCL在不同共混组成的PCL/PVC共混体系中40℃结晶的POM图

六、注意事项

（1）在溶液结晶样品的制样过程中，取样量不宜过多，量过多容易造成球晶堆叠而影响观察。

（2）测量球晶直径时，应在不同的视野下，选取尺寸具有代表性的球晶进行测量。

（3）偏光显微镜的载物台与相差显微镜或普通光学显微镜不同，是可以沿旋转轴转动的。因为在偏光显微镜的光学系统中，载物台的旋转轴，物镜中轴及目镜中轴应当严格在一条直线上。如果它们不在一条直线上，当转动载物台时，视域中心的物像将离开原来的位置，连同其他部分的物像绕另一中心旋转。在这种情况下，不仅可能把视域内的某些物像转出视域之外，妨碍观察，而且影响某些光学数据的测定精度。特别是使用高倍物镜时，根本无法观察。因此，必须进行校正，称为"校正中心"。实验中由于对测量精度要求不高，主要目的是观察球晶形态，所以没有进行校正。

七、思考题

（1）解释球晶黑十字消光图案的原因。

（2）溶液结晶与熔体结晶形成的球晶的形态有何差异？造成这种差异的原因是什么？

（3）本实验中，溶解聚丙烯的溶剂为什么采用十氢萘而不选用环己烷等？

（4）对所得实验数据和图像进行分析，讨论冷却速度对球晶尺寸、球晶的形成机理和球晶的形状、正负性的影响。

八、参考文献

［1］李允明. 高分子物理实验［M］. 杭州：浙江大学出版社，1996.

［2］何曼君，等．高分子物理［M］．上海：复旦大学出版社，2000．

［3］复旦大学高分子科学系．高分子实验技术［M］．修订版．上海：复旦大学出版社，1996．

实验五　聚合物温度—形变曲线的测定

（实验时间：4h）

一、目的和要求

（1）了解聚合物的力学性能与温度间的关系。

（2）掌握测定聚合物温度—形变曲线的方法。

（3）测定聚甲基丙烯酸甲酯的玻璃化转变温度 T_g 和黏流转变温度 T_f。

二、原理

1. 热机械分析（TMA）

TMA 是在过程控制温度下测量物质在非振动负荷下的形变与温度关系的一种技术。实验室对具有一定形状的试样施加外力（方式有压缩、扭转、弯曲和拉伸等），根据所测试样的温度—形变曲线就可以得到试样在不同温度（时间）时的力学性质。

2. 温度—形变曲线

在一定的力学负荷下，高分子材料的形变量与温度的关系称为高聚物的温度–形变曲线（或称热机械曲线）。测定聚合物温度—形变曲线，是研究高分子材料力学状态的重要手段。高分子材料由于其结构单元的多重性而导致了运动单元的多重性，在不同的温度（时间）下可表现出不同的力学行为，因此通过温度—形变测量可以了解聚合物的分子运动与力学性质间的关系，可求得不同分子运动能力区间的特征温度如玻璃化温度、黏流温度、熔点和分解温度等。在实际应用方面，温度—形变曲线可以用来评价高分子材料的耐热性、使用温度范围及加工温度等。测定聚合物温度—形变曲线可以了解如下信息：聚合物的分子运动与力学性质间的关系；分析聚合物的结构形态（如结晶、交联、增塑、分子量等）；反应在加热过程中发生的化学变化（如交联、分解等）；求聚合物的特征温度（如玻璃化温度、黏流温度等）；评价聚合物的耐热性、使用温度范围及加工温度等。

影响温度—曲线的因素：聚合物的组成、化学结构、分子量、结晶度、交联度等因素。实验条件的设定，如升温速率，其由运动的松弛性质决定，升温速率快，测得的 T_g、T_f 都较高；载荷太小，如增加载荷有利于运动过程的进行，因此 T_g、T_f 均会下降，且高弹态会不明显；聚合物样品的尺寸。

（1）非晶态聚合物的温度—形变曲线。图3-5-1是线型非晶态聚合物的温度—形变曲线，具有"三态"：玻璃态、高弹态和黏流态，以及"两区"：玻璃化转变区和黏流转变区，虚线表示分子量更大时的情形。由于链段的长度主要取决于链的柔性，与分子量关系不大，因此当分子量达到一定值以后玻璃化温度与分子量的关系不大。而分子链整链的相对滑移要克服整链上的分子间作用力，因此分子量越大其黏流温度也越高。表3-5-1为线型非晶态聚合物在各个状态下的一些特征。

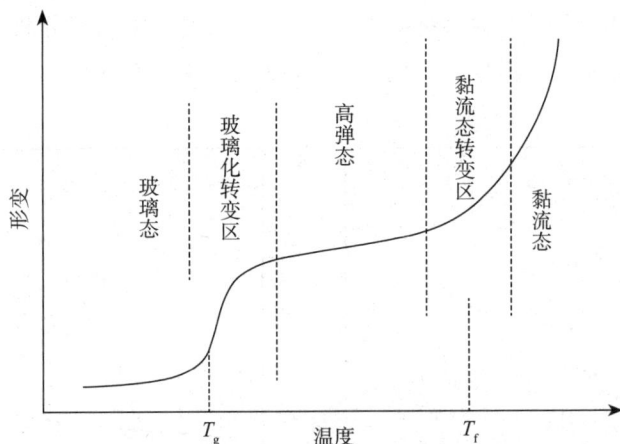

图3-5-1　线型非晶态聚合物的温度—形变曲线

表3-5-1　线型非晶态聚合物各状态的特征

状态	微观	宏观
玻璃态	玻璃态时由于分子热运动能量低，不足以克服主链内旋转位垒，链段处于被冻结的状态，仅有侧基、链节、短支链等小运动单元可作局部振动，以及键长、键角的微小变化，因此不能实现构象的转变。或者说链段运动的松弛时间远大于观察时间，因此在观测时间内难以表现出链段的运动	宏观上表现为普弹形变，质硬而脆，形变小（1%以下），模量高（$10^9 \sim 10^{10}$Pa）
玻璃化转变区	链段运动开始解冻，链构象开始改变、进行伸缩	表现出明显的力学松弛行为，形变量迅速上升，具有坚韧的力学特性
高弹态	聚合物受到外力时，分子链单键的内旋转使链段运动，即通过构象的改变来适应外力的作用；一旦外力除去，分子链又可以通过单键的内旋转和链段的运动恢复到原来的蜷曲状态	在宏观上表现为高弹性，形变量较大（100%~1000%），模量很低（$10^5 \sim 10^7$Pa），容易变形；一旦外力除去，则表现为弹性回缩
黏流态转变区	链段运动加剧，分子链能进行重心位移	模量下降至10^4Pa左右，表现出黏弹性特征
黏流态	整个分子链可以克服相互作用和缠结，链段沿作用力方向协同运动导致高分子链的质量中心互相位移，即分子链整链运动的松弛时间缩短到与观测时间为同一数量级	宏观表现为黏性流动，为不可逆形变

（2）交联聚合物的温度—形变曲线。交联聚合物由于相互交联而不可能发生黏流性流

动。当交联度较低时，链段的运动仍可进行，因此仍可表现出高弹性；而当交联度很高，交联点间的链长小到与链段长度相当时，链段的运动也被束缚，此时在整个温度范围内只表现出玻璃态（图3-5-2）。

（3）结晶聚合物的温度—形变曲线。由于存在晶区和非晶区，聚合物的微晶起到类似交联点的作用。当结晶度较低时，聚合物中非晶部分在温度 T_g 后仍可表现出高弹性，而当结晶度大于40％左右时，微晶交联点彼此连成一体，形成贯穿整块材料的连续结晶相，此时链段的运动被抑制，在 T_g 以上也不能表现出高弹性。结晶高聚物当温度大于熔点 T_m 时，其温度–形变曲线即重合到非晶高聚物的温度—形变曲线上，此时又分两种情况，如 $T_m>T_f$，则熔化后直接进入黏流态，如 $T_m<T_f$，则先进入高弹态（图3-5-3）。

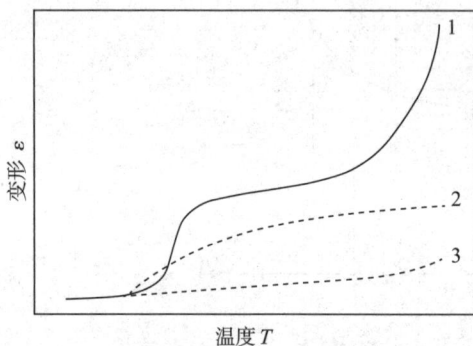

图3-5-2　无定形高聚物1与交联高聚物2、3温度—
形变曲线的比较
（其中交联度高聚物2>高聚物3）

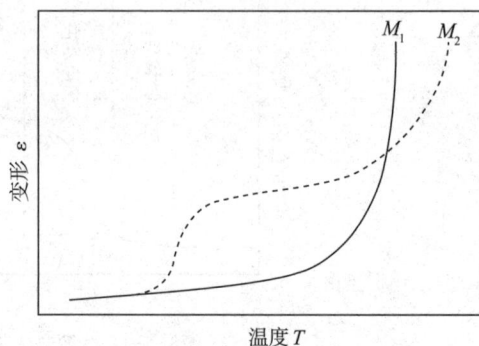

图3-5-3　结晶聚合物的温度—形变曲线
（虚线表示结晶度较低，分子量 $M_2>M_1$）

对于结晶性高分子固体急速冷却得到的非晶或低结晶度的高聚物材料，在升温过程中会产生结晶使模量上升。这时如采用间歇加载的方式进行温度—形变测量，就会发现当温度达到 T_g 后形变上升，然后随结晶过程的进行变形又会下降。

三、仪器和样品

1.仪器
Q850型动态热机械分析仪（美国TA公司），如图3-5-4所示。

2.样品
聚甲基丙烯酸甲酯（有机玻璃）样品若干（厚度约为2mm）。

四、实验步骤

（1）开机预热。先打开空气压缩机，确认空气过滤器的

图3-5-4　动态热机械分析仪

压力为60psi（414kPa，已固定好，不需要自行调节）；再打开电控箱的开关（后背白色开关）；随后打开DMA850主机右侧的圆形开关，仪器进入预热程序（Status: Warming Up），预热过程大约需要30~60min。

（2）预热结束后，马达模式激活，尝试开始进行位置校正。如果安装了样品或者运输支架，触摸屏上会显示位置校正失败的提示（Position Calibration Unsuccesful），需要移除样品、夹具或运输支架，再点击触摸屏的"System"－"Position Calibration"，约15s；然后打开计算机，双击"TRIOS"，跳出窗口，点击"Connect"与仪器取得联机。

（3）如果需要低温测试则打开"Cooling Accessories"选择"GCA-Gas Cooling Accessory"在"ON"上，并确定液氮桶中有足够的液氮；不需要低温则选择"None-All Cooling Accessories Disabled"。

（4）根据样品选择合适的夹具，每次更换夹具均需要对其进行校准，校准后，将样品安装至夹具上，并使用扭力扳手进行固定；点击"Preload"启动马达，随后点击"Measure"，量测尺寸或者位置。如第一个有效程序为振荡测试程序，TRIOS还可以使样品以该振荡模式进行预测量，并出现实时信号和波形图，待波形合适后再选择合适的测试程序及合适的参数如，频率、应变、应力、升温速率等。

（5）开始升温：升温速率控制在5℃/min。

（6）不同的夹具需要使用不同的力值固定样品。安装样品时，扭力扳手设置的力值选择：5~8in-lbs。

（7）关机：移除样品，确保驱动轴能在25mm范围内自由运动，并点击"LOCK"锁住轴承；温度达到室温，关闭DMA。按DMA主机右边的电源键，仪器进入待机状态。

（8）使用仪器前先看仪器使用视频，掌握了仪器使用方可操作。

五、注意事项

（1）在开始测量前，应使两记录笔横向画出一段印记，便于数据处理时测量笔距。
（2）实验完毕尽量使炉体自然冷却，以延长其使用寿命。

六、数据分析和结果处理

1.数据记录
导出数据后按照表3-5-2的格式记录实验过程中的一些参数。

表3-5-2　温度—形变曲线测量数据表

试样	起始温度 T_0/℃	加压负荷 E/MPa	升温速度 v/(℃/min)	T_g/℃	T_f/℃
PMMA					

起始温度 T_0：开始记录曲线时的炉温。

加压负荷 E：根据 $E=F \times g/(\pi d^2/4)$ 计算。式中，加压总负荷 F 包括压杆重、砝码和位移传感器弹簧力；重力加速度 $g=9.8$N/kg；压力面直径 $d=2$mm。

升温速度 v：在温度曲线线性区域内取 a、b 两点，横向距离为 5 小格（横向为温度坐标，4℃/小格，由温度量程为 400℃ 可得），纵向距离为 2 大格（纵向为时间坐标，2min/大格，由纸速 5mm/min 可得），于是可得升温速度 $=5 \times 4/4=50$℃/min，与设定的升温速度相同。

T_g 和 T_f：从温度—形变曲线上，以相应转折区两侧的直线部分外推得到的焦点作为转变点。根据两记录笔的笔距在温度线上找出相应的转变温度。

实验测得 PMMA 试样的玻璃化温度 $T_g=$___℃，黏流温度 $T_f=$___℃。

查得 PMMA 的 T_g 见表 3-5-3。由表 3-5-3 可知，PMMA 中等规三元组的含量越高，T_g 越低；而间规三元组的含量越高，T_g 越高。通常认为 PMMA 的 T_g 在 85～105℃ 范围内。

表 3-5-3　PMMA 立构规整性对 T_g 的影响

T_g	立构规整度（三元组分析）		
	so	Hetero	Syn
41.5	0.95	0.05	0.00
54.3	0.73	0.16	0.11
61.6	0.62	0.20	0.18
104.0	0.06	0.37	0.56
114.2	0.10	0.31	0.59
119.0	0.04	0.37	0.59
120.0	0.10	0.20	0.70
125.6	0.09	0.36	0.64
134.0	0.01	0.18	0.81

2. 误差分析

误差主要有以下来源：

（1）由于升温速率较快，测得的 T_g、T_f 可能比实际值偏高；

（2）试样的分子量分布较宽，或者载荷较大，导致高弹平台不明显，黏流转变区较宽，不利于对 T_f 的判断，主观误差的影响较大；

（3）载荷较大还会使得测得的 T_g、T_f 相对偏低，但升温速率较快又会使 T_g、T_f 偏高，所以总的影响难以判断；

七、说明和补充知识

从方法上来说，测定聚合物的温度—形变曲线简单、方便，但由于升温速率对实验结果的影响较大，所以往往需要较长的时间。而为了使测得的曲线之间更具有可比性，通常需要在同一台仪器上面进行测定，所以耗时较长，缺乏效率，这也是这种方法的缺点。

1. 影响 T_g 的因素

（1）化学结构的影响。T_g 是高分子链段从冻结到运动（或反之）的转变温度，而链段运动是通过主链的单键内旋转实现的。因此，凡是能影响高分子链柔性的结构隐私，都对 T_g 有影响。减弱高分子链柔性或增加分子间作用力的因素，如引入刚性基因或极性基因、交联和结晶都使 T_g 升高，而增加分子链柔性的因素，如加入增塑剂或溶剂、引进柔性基因等都使 T_g 降低。

（2）交联的影响。随着交联点密度的增加，聚合物的自由体积减小，分子链的活动受到约束的程度也增加，相邻交联点（化学交联点和物理交联点全考虑在内）之间的平均链长变小，所以交联作用使 T_g 升高。

（3）分子量的影响。分子量的增加使 T_g 升高，特别是当分子量较低时，这种影响更为明显。分子量对 T_g 的影响主要是链端的影响。处于链末端的链段比中间的链段受到牵制要小些，因而有比较剧烈的运动。分子量增加意味着链端浓度减少，从而预期 T_g 增加。根据自由体积的概念可以导出 T_g 与 $\overline{M_n}$ 的关系如下：

$$T_g = T_{g,\infty} - \frac{K}{M_n}$$

链端浓度与数均分子量 $\overline{M_n}$ 呈反比；K 为常数，$K=A/a_f$，A 为常数，a_f 为玻璃化转变前后体积差；T_g 与 M_n^{-1} 有线性关系。实际上当分子量超过某一临界值后，链端的比例可以忽略不计，T_g 与 M_n 的关系不大。常用聚合物的分子量要比上述临界值大得多，所以分子量对 T_g 基本上没有影响。

（4）增塑剂或稀释剂的影响。玻璃化温度较高的聚合物，在加入增塑剂后，可以使 T_g 明显地下降。

（5）两相体系的影响。许多高分子共混物及其相应的接枝与嵌段共聚物以及高分子互传网络等，都会发生相分离。在这种情况下，每一相都有其自身的 T_g。

（6）结晶度的影响。结晶高分子，如聚乙烯或聚丙烯或者尼龙与聚酯类，也具有玻璃化转变。此时，玻璃化转变只是发生在这些高分子的无定形部分。微晶区的存在限制了无定形分子的运动，常使 T_g 温度升高。

（7）压力的影响。压力增加导致总体积降低，根据自由体积理论，自由体积降低将导致 T_g 升高。研究发现，在转变温度附近，体积对压力图同样具有拐点，类似于体积—温度图。转变温度对压力的关系为：

$$\frac{\mathrm{d}T_g}{\mathrm{d}p} = \frac{K_f}{\partial_f} = \frac{\Delta K}{\Delta \partial}$$

式中：$\dfrac{\mathrm{d}T_g}{\mathrm{d}p}$ 为玻璃化转变温度对压力的变化率；ΔK 为体积模量变化量；$\Delta \partial$ 为热膨胀系数变化量。

上式表明，增加压力可以导致玻璃化。这一结论对于工程操作比如模压或者挤压成型十分重要。

（8）外界条件的影响。

①升温速度。由于玻璃化转变不是热力学平衡过程，所以 T_g 与外界条件有关。升温速率高，降温速率高都将导致测得的 T_g 高，相反地，升温速率慢，降温速率都将导致测得的 T_g 低。

②外力作用时间。由于聚合物链段运动需要一定的松弛时间，如果外力作用时间短（频率大，即作用速度快，观察时间短），聚合物形变跟不上环境条件的变化，聚合物就显得比较刚硬，使测得的 T_g 偏高。

2. 影响 T_f 的因素

（1）分子结构的影响。分子链柔性好，链内旋转的位垒低，流动单元链段就短，按照高分子流动的分段移动机理，柔性分子链流动所需要的空穴就小，流动活化能也较低，因而在较低的温度下即可发生黏性流动；反之，分子链柔顺性较差的，需要较高的温度下才能流动，同时也只能在较高的温度下，分子链的热运动能量才大到足以克服刚性分子的较大的内旋转位垒。所以分子链越柔顺，黏流温度就越低；而分子链越刚性，黏流温度越高。黏性流动是分子与分子间的相对位置发生显著改变的过程，如果分子之间的相互作用力很大，则必须在较高的温度下才能克服分子间的相互作用而产生相对位移，如果分子间的相互作用力小，则在较低的温度下就能产生分子间的相对位移，因此分子间的极性大，则黏流温度高。

（2）分子量的影响。黏流温度是整个高分子链发生运动时的温度，这种运动不仅与聚合物的结构有关，而且与分子量有关。分子量越大则黏流温度越高，因此分子运动时分子量越大内摩擦阻力越大；而且分子链越长，分子链本身的热运动阻碍着整个分子向某一方向运动。所以分子量越大，位移运动越不易进行，黏流温度就要提高。

（3）外力大小和外力作用时间。外力增大实质上是更多地抵消分子链沿着与外力相反方向的热运动，提高链段沿外力方向向前跃迁的记录，使分子链的中心有效地发生位移，因此有外力作用时，在较低的温度下，聚合物即可发生流动。延长外力作用的时间也有助于高分子链产生黏性流动，因此增加外力作用时间就相当于降低黏流温度。

八、思考题

（1）线型非晶态聚合物的温度—形变曲线与分子运动有什么内在联系？

（2）聚合物的温度—形变曲线受哪些条件的影响？研究聚合物的温度—形变曲线有什么理论与实际意义？

（3）为什么黏流转变点曲线的转折没有玻璃化转变陡？

九、参考文献

［1］李允明. 高分子物理实验［M］. 杭州：浙江大学出版社，1996.

［2］何曼君，等. 高分子物理［M］. 上海：复旦大学出版社，2000.

［3］钱人元，于燕生. 高聚物从高弹态到流体态的转变［J］. 化学通报，2008（3）.

［4］复旦大学高分子科学系. 高分子实验技术［M］. 修订版. 上海：复旦大学出版社，1996.

［5］Brandrup J, et al. Polymer Handbook［M］. 4th edition. A Wiley Interscience, 1999.

实验六　聚合物的差示扫描量热（DSC）分析

（实验时间：4h）

一、目的和要求

（1）掌握差示扫描量热法（DSC）的基本原理及仪器使用方法。

（2）了解DSC在聚合物研究中的应用。

（3）测量聚乙烯的DSC曲线，并求出 T_m、ΔH_m 和 X_c。

二、原理

1.DSC 简介

差热分析法（differential thermal analysis, DTA）是一种重要的热分析方法，是指在程序控温下，测量物质和参比物的温度差与温度或者时间关系的一种测试技术。该法广泛应用于测定物质在热反应时的特征温度及吸收或放出的热量，包括物质相变、分解、化合、凝固、脱水、蒸发等物理或化学反应，广泛应用于无机、有机特别是高分子聚合物、玻璃钢等领域。差热分析操作简单，但在实际工作中往往发现同一试样在不同仪器上测量，或不同人在同一仪器上测量，所得到的差热曲线结果有差异。峰的最高温度、形状、面积和峰值大小都会发生一定变化。其主要原因是热量传递与许多因素有关，传热情况比较复杂，导致热传导模型需要进行繁杂的计算，而且由于引入的假设条件往往与实际存在差别而使得精度不高，差示扫描热法（简称DSC）就是为克服DTA在定量测量方面的不足而发展起来的一种新技术。20世纪60年代，差示扫描量热法（differential scanning calorimetry, DSC）被提出，其特点是使用温度范围比较宽，分辨能力和灵敏度高，根据测量方法的不同，可分为功率补偿型DSC和热流型DSC，主要用于定量测量各种热力学参数和动力学参数。

差示扫描量热法是在程序升温的条件下，测量试样与参比物之间的能量差随温度变化的一种分析方法。差示扫描量热法有补偿式和热流式两种。在差示扫描热中，DSC曲线是指为使试样和参比物的温差保持为零，在单位时间所必须施加的热量与温度的关系曲线。曲线的纵轴为单位时间所加热量，横轴为温度或时间，曲线的面积正比于热焓的变化。DSC

与DTA原理相同，但性能优于DTA，测定热量比DTA准确，而且分辨率和重现性也比DTA好。由于具有以上优点，DSC在聚合物领域获得了广泛应用，大部分DTA应用领域都可以采用DSC进行测量，灵敏度和精确度更高，试样用量更少。

（1）差热分析（DTA）的缺点。

①精确度不高，只能得到近似值；

②需要使用较多的试样，在发生热效应时试样温度与程序温度间有明显的偏差；

③试样内部温度均匀性较差。

（2）差示扫描量热法（DSC）的优点。

①灵敏度和精确度更高；

②试样用量更少；

③定量方便，易于测量结晶度、结晶动力学以及聚合、固化、交联氧化、分解等反应的反应热及研究其反应动力学。

2.功率补偿型DSC的原理

功率补偿型DSC的主要特点是试样和参比物分别具有独立的加热器和传感器。整个仪器由两个控制系统进行监控，其中一个是控制温度，使试样和参比物以预定的程序升温或降温；另一个用于补偿试样和参比物间的温差。这个温差是由试样的吸热或放热效应产生的。从补偿功率可以直接求得热流率。

$$\Delta W = \frac{dH_s}{dt} - \frac{dH_g}{dt} = \frac{dH}{dt} \tag{1}$$

式中：ΔW为所补偿的功率；ΔH_s为试样的热焓；ΔH_g为参比物的热焓；dH/dt为单位时间内焓变，即热流率，mJ/s。

如果试样产生热效应则立即进行功率补偿，所补偿的功率为

$$\Delta W = I_s^2 R_s - I_g^2 R_g \tag{2}$$

式中：R_s为试样加热器的电阻；R_g为参比物加热器的电阻。

令$R_s=R_g=R$，总电流$I_T=I_s+I_g$，设V_s和V_g分别为试样加热器和参比物加热器的加热电压，其电压差$\Delta V=V_s-V_g$，所以

$$\Delta W = R(I_s+I_g)(I_s-I_g) = I_T(I_sR-I_gR) = I_T(V_s-V_g) = I_T\Delta V \tag{3}$$

在式（3）中，I_T为常数，则ΔW与ΔV呈正比，因此用ΔV作为纵轴即可直接表示热流率dH/dt。

3.仪器校正

试样变化过程中的总焓变即为吸热或放热峰的面积：

$$\Delta H = \int_{t_1}^{t_2} \Delta W dt \tag{4}$$

实际上由于补偿加热器与试样及参比物间有热阻，补偿的热量有部分漏失，因此仍需通过校正再求得焓变。如峰面积为S，则总焓变为：

$$\Delta H = KS \tag{5}$$

K为仪器常数，不随温度和操作条件而变，只需取一温度点以标准物质校正即可。由于DSC的基线与试样及参比物的传热阻力无关，可以尽量减小热阻而提高灵敏度，此时仪器的响应也更快，峰的分辨率也更高。校准一般由老师事先做好。

4.DSC在聚合物中的应用

DSC在聚合物研究领域有广泛的应用：物性（如玻璃化转变温度、熔融温度、结晶度、比热容等）测定；材料测定；混合物组成的含量测定；吸附和解吸附过程研究；反应性研究（聚合、交联、氧化、分解、反应温度或温区等）；动力学研究。

图3-6-1为聚合物的典型DSC曲线，从中可以得到聚合物的各种物性参数。

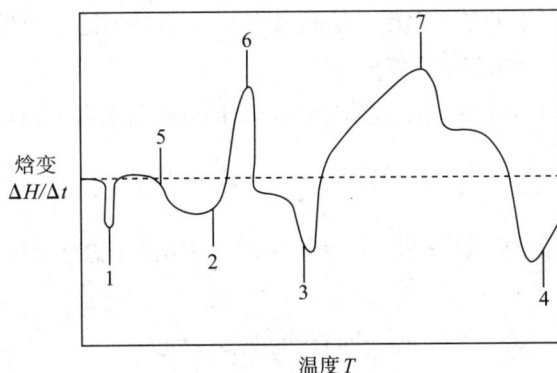

图3-6-1　聚合物的DSC曲线
1—固—固一级转变　2—偏移的基线　3—熔融转变
4—降解或气化　5—玻璃化转变　6—结晶　7—固化、交联、氧化等

（1）结晶度X_c的计算。

$$X_c = \frac{\Delta H_m}{\Delta H^*} \times 100\% \tag{6}$$

式中：ΔH_m为试样的熔融热；ΔH^*为完全结晶聚合物的熔融热。

（2）反应动力学。DSC用于反应动力学研究时的前提是反应进行的程度与反应放出或吸收的热效应成正比，即与DSC曲线下的面积成正比，也是反应率∂可表示为：

$$\partial = \frac{\Delta H}{\Delta H_T} = \frac{S'}{S} \tag{7}$$

$$1 - \partial = \frac{\Delta H_T - \Delta H}{\Delta H_T} = \frac{S - S'}{S} = \frac{S'}{S} \tag{8}$$

$$\frac{d\partial}{dt} = \frac{1}{\Delta H_T} = \frac{dH}{dt} \tag{9}$$

式中：ΔH为温度T时的反应热；ΔH_T为反应的总热量；S'为从T_0到T曲线下的面积；S'为DSC曲线下的总面积；S''为$S'-S$。

反应动力学方程可写为

$$\frac{\mathrm{d}\partial}{\mathrm{d}t} = A\mathrm{e}^{\frac{-E}{RT}}(1-\partial)^n = A\mathrm{e}^{\frac{-E}{RT}}\left(\frac{\Delta H_\mathrm{T} - \Delta H}{\Delta H_\mathrm{T}}\right)^n = \frac{1}{\Delta H_\mathrm{T}} \times \frac{\mathrm{d}H}{\mathrm{d}t} \qquad (10)$$

式中：E 为活化能；A 为频率因子；R 为气体常数；T 为温度；n 为反应级数。

取对数形式，

$$\ln\frac{1}{\Delta H_\mathrm{T}} \times \frac{\mathrm{d}H}{\mathrm{d}t} - n\ln\frac{\Delta H_\mathrm{T} - \Delta H}{\Delta H_\mathrm{T}} = -\frac{E}{RT} + \ln A \qquad (11)$$

如果反应级数已知，那么上式左边对 $1/T$ 作图应为一直线，由斜率可求得 E，由截距可求得 A。

（3）等温结晶动力学。等温结晶过程的实验方法是采用响应速度快的 DSC，将熔融状态的试样急冷到熔点以下的某一温度（结晶温度），并保持恒温进行测定。曲线首先回到基线，然后经过诱导期 t_{id} 后出现放热峰。

此时式（8）中的 $1-\partial$ 为时间 t 时未结晶的部分的分率。根据 Avrami 结晶动力学方程

$$1-\partial = 1-\frac{X_t}{X_\infty} = \exp(-Kt^n) \qquad (12)$$

式中：X_t 为 t 时刻结晶相的重量分率；X_∞ 为结晶终了时结晶相的重量分率。

上式可写成

$$\lg\left[-\ln(1-\partial)\right] = \lg K + n\lg t \qquad (13)$$

以 $\lg\left[-\ln(1-\partial)\right]$ 对 $\lg t$ 作图得一直线，由斜率可得 n，由截距可得结晶速率常数 K。

5. DSC 分析的影响因素（表 3-6-1）

表 3-6-1　DSC 分析的影响因素

因素	影响
样品	① 试样粒度对表面反应或受扩散控制的反应影响较大，粒度减小，峰温下降 ② 参比物的热导率也受到粒度、密度、比热容、填装方法等因素的影响，同时还要考虑到气体和水分的吸附作用，在制样过程中进行粉碎可能导致样品结晶度等性质发生变化 ③ 试样的装填方式影响到传热情况，装填是否紧密又和力度有关。测试玻璃化转变和相转变时，最好采用薄膜或细粉状试样，并使试样铺满坩埚底部，加盖压紧，尽可能平整，保证接触良好。放置坩埚的操作及位置也会有影响，每次应统一
实验条件	① 一般试样量小，曲线出峰明显、分辨率高，基线漂移小；试样量大，峰大而宽，相邻峰可能重叠，峰温升高。测 T_g 时，热容变化小，试样量要适当多一些。试样的量和参比物的量要匹配，以免两者热容相差太大引起基线漂移 ② 升温速率提高时峰温上升，峰面积与峰高也有一定上升，对于高分子转变的松弛过程（如玻璃化转变），升温速率的影响更大。升温速率太慢，转变不明显，甚至观察不到；升温速率太快，转变明显，但测得 T_g 偏高。升温速率对 T_m 影响不大，但有些聚合物在升温过程中会发生重组、晶体完善化，使 T_m 和 X_c 都提高。升温速率对峰的形状也有影响，升温速率慢，峰尖锐，分辨率高；升温速率快，基线漂移大 ③ 炉内气氛则对有化学反应的过程产生大的影响。对玻璃化转变和相转变测定，气氛影响不大
仪器	① 加热方式及炉子的形状会影响向样品中传热的方式、炉温均匀性及热惯性 ② 样品支架也对热传递及温度分布有重要影响 ③ 测温位置、热电偶类型及与样品坩埚的接触方式都会对温度坐标产生影响 仪器因素一般是不变的，可以通过温度标定检定参样对仪器进行检定

三、仪器和样品

1.仪器

差示扫描量热仪（美国TA公司，Q2Q型，图3-6-2，电子天平。

2.样品

聚乙烯（样品），a-Al_2O_3（参比）。

图3-6-2　差示扫描量热仪

四、实验步骤

（1）先打开氮气，压力在0.1MPa左右；打开机械制冷的电源开关，并保证制冷处于EVENT档；打开DSC主机后面开关，约2min后仪器前面的指示灯为绿色，表示仪器启动完毕。

（2）打开计算机，运行软件"TA Instrument Explorer"，点击仪器图标，出现控制页面，点击Tool，Instrument preference，35℃，Apply，点击Control，Go to standby temperature；点击Event On打开制冷，15~20min后，Flange temperature达到-70℃以下，可以开始测样。

（3）准确称量5~6 mg PE样品于坩埚中，放在样品支架的左侧托盘上，a-Al_2O_3参比埚放在右侧的托盘上。

（4）小心地合上炉体，转动手柄将电炉的炉体降回到底部。

（5）将"差动/差热"开关置于"差动"的位置，量程开关置于±100μV的位置。设定升温范围为0~300℃，升温时间为30min，并在软件中设定相应参数。

（6）打开加热开关，开始升温，同时软件开始采集曲线。

（7）测量结束后，停止采集，保存曲线。

（8）停止升温，关闭加热开关。

（9）测试结束，点击Tool，Instrument preference，35℃，Apply，点击Control，Go to standby temperature；待测试室的温度降至60℃以下，点击Control，Event Off，关闭制冷，待Flange temperature达到25℃以上，点击Control，Shutdown Instrument，跳出窗口"It now safe to shutdown Instrument"，点击"Start"，待仪器控制板绿色指示灯灭后，关闭仪器电源开关；关闭制冷机的Power开关，关闭氮气二级阀（旋松，逆时针）。

（10）使用仪器前先看仪器使用视频，掌握了仪器使用方可操作，关闭氮气总阀门（顺时针）。

五、注意事项

（1）样品应装填紧密、平整，如在动态气氛中测试，还需加盖铝片。

（2）升温程序的第二段设为-121~300℃，-121℃为停止指令，即温度达到300 ℃后停止加热。

（3）"斜率"旋钮用来调整基线水平，已由任课教师调整好，不再自行调整。

六、数据分析和结果处理

1. 聚合物熔点 T_m

从DSC曲线熔融峰的两边斜率最大处引切线，相交点所对应的温度作为 T_m。

2. 聚合物的熔融热 ΔH_m

熔融热 ΔH_m 由标准物的DSC曲线熔融峰测出单位面积所对应的热量（数据已储存于计算机中），然后根据被测试样的DSC曲线熔融峰面积，即可求得其 ΔH_m。

3. 聚合物的结晶度 X_c

根据式（6）计算聚合物的结晶度 X_c，式中 ΔH^* 为完全结晶聚合物的熔融热，用三十二烷的熔融热（270.38J/g）代替。

4. 结果分析

对所得到的DSC曲线进行分析，图3-6-3为实验所得DSC曲线示意图，讨论实验过程的注意事项和影响因素。

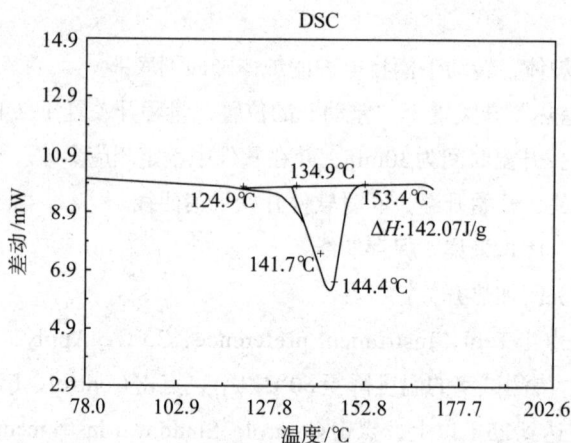

图3-6-3　聚合物的DSC曲线

七、补充知识

（1）T_m 和 ΔH_m 除与聚合物分子量有关，且受测试方法影响外，究其本质，应当取决于结晶度以及结晶的完善程度，所以制样过程中应当尽量避免对其晶体造成破坏。

（2）DSC的缺点是适用的温度较低，功率补偿型DSC最高温度只能做到725℃。目前超高温DTA可以做到2400℃，一般的高温炉也能做到1500℃。所以，需要用高温的矿物、冶金等领域还只能用DTA，但是对于温度要求不高，而灵敏度要求很高的有机高分子以及生物化学领域，DSC则是一种很有用的技术。

（3）由于测试时试样内部必定存在温度梯度，所以其热导率对实验结果也应当是有影响的，而且这一影响不会因为标准物的校正而消除，因为标准物与试样的热导率是不同的。校正只能消除仪器因素的影响。但由于DSC灵敏度较高，所以可以通过减小试样量来降低这一影响。

八、思考题

（1）DSC的基本原理是什么？在聚合物研究中有哪些用途？
（2）DSC测试过程中都有哪些影响因素？

九、参考文献

［1］李允明. 高分子物理实验［M］. 杭州：浙江大学出版社，1996.
［2］何曼君，等. 高分子物理［M］. 上海：复旦大学出版社，2000.
［3］复旦大学高分子科学系. 高分子实验技术［M］. 修订版. 上海：复旦大学出版社，1996.
［4］丁恩勇，梁学海. 不同实验条件对DSC峰形的影响以及镶边温度的确定［J］. 分析测试学报，1993，12（5）.

实验七　密度梯度管法测定聚合物的密度和结晶度

（实验时间：4h）

一、目的和要求

（1）掌握用密度梯度法测定聚合物密度、结晶度的基本原理和方法。
（2）测定不同条件下制备的聚丙烯样品的结晶度，讨论制备条件对结晶度的影响。

二、原理

密度梯度法是测定聚合物密度的方法之一。聚合物的密度是聚合物的重要参数。对于无规则外形的聚合物材料，密度梯度法是测定其密度的最简单有效方法。而对于结晶性聚合物，其晶区的密度与非晶区的密度是不同的，一般晶区的密度大于非晶区的密度；对于一给定的聚合物，其在100%完全结晶的情况下密度最高，而100%非晶的情况下其密度最低。

由于一般情况下结晶性聚合物并不是100%完全结晶的，也就是说聚合物中存在结晶区域和非晶区域，因此根据结晶聚合物的密度值可以定性或定量地计算该聚合物的结晶度。另外，通过对聚合物结晶过程中密度变化的测定，还可研究其结晶速率。所谓聚合物结晶度就是聚合物结晶的程度，就是结晶部分的重量或体积对全体重量或体积的百分数。结晶聚合物的物理和力学性能、电性能、旋光性能在相当的程度上受结晶程度的影响。由于结晶作用使大分子链段排列规整，分子间作用力增强，因而使制品的密度、刚度、拉伸强度、硬度、耐热性、抗溶性、气密性和耐化学腐蚀等性能提高，而依赖于链段运动的有关性能，如弹性、断裂伸长率、冲击强度则有所下降。因此聚合物结晶度的测量对研究聚合物的物理性能和加工条件、过程对性能的影响有重要的意义。

聚合物的结晶度的测定方法有X射线衍射法、红外吸收光谱法、核磁共振法、差热分析法、反相色谱法和密度梯度管法等，其中前面几种方法均需要复杂和昂贵的仪器设备，而密度梯度管由于其设备简单、操作和数据处理方便，而且准确度高，因此在实验室得到了广泛的使用。用密度梯度管法从测得的密度可以换算得到样品的结晶度，而且能同时测定一定范围内多个不同密度的样品，配好的密度梯度管可以重复使用，特别对很小的样品或是密度改变极小的一组样品，此法既方便又灵敏。

1. 密度梯度管法测定密度的原理

密度梯度管法测量样品密度的原理是将两种密度不同而又能互相混合的液体，以一定的方式进行混合后流入密度梯度管中，高密度液体在下，低密度液体轻轻沿壁倒入，由于液体分子的扩散作用，使两种液体界面被适当地混合，达到扩散平衡，形成密度从上到下逐渐增大，并呈现连续的线性分布的液柱，即得到自上而下密度连续变化的密度梯度液体。梯度管某一高度面上的液体密度由该处混合液中两种组分的比例决定。用标准密度的玻璃小球可以标定密度梯度管中不同位置高度的密度值，根据悬浮原理，平衡状态下，与玻璃小球处于同一水平面的液体的密度等于小球的密度。根据不同密度玻璃小球所对应的悬浮高度，可以得到密度与梯度高度图表，即ρ-H标定曲线，如图3-7-1示意图所示。然后，将待测聚合物样品投入标定后的密度梯度管中，测出聚合物样品静止时在密度梯度管中的位置（高度值），并求此高度相对应的密度值，即为聚合物样品的密度。

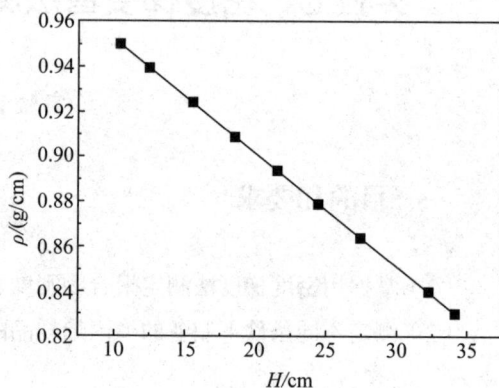

图3-7-1　密度与密度高度ρ-H标定曲线示意

2. 密度法测定聚合物结晶度的原理

聚合物的结晶总是不完善的，通常是结晶相与非晶相共存，聚合物结晶度是指聚合物样品中晶区部分重量占全部重量的百分数，或晶区部分体积占全部体积的百分数。在结晶聚合物中（如聚丙烯 PP 和聚乙烯 PE 等），晶区分子链排列规则，堆砌紧密，因而密度大；而非晶区分子链排列无序，堆砌松散，密度小。所以，晶区与非晶区以不同比例两相共存的聚合物，结晶度的差别反映了密度的差别。测定聚合物样品的密度，便可求得聚合物的结晶度。

假定在结晶聚合物中，结晶部分和非结晶部分并存，而且两者间具有密度加和性。如果能够测得完全结晶聚合物的密度（ρ_c）和完全非结晶聚合物的密度（ρ_s），则试样的结晶度可按两部分共存的模型来求得。

如果根据体积加和性去求得试样的比体积 V（mL/g）：

$$X_c^v = \frac{V_c}{V} = \frac{V_c}{V_c + V_a} = \frac{\rho - \rho_a}{\rho_c - \rho_a} \tag{1}$$

式中：X_c^v 为结晶度（体积结晶度）；V_c 为完全结晶聚合物的比容（mL/g）；V_a 为完全无定形聚合物的比容（mL/g）。

则质量结晶度为：

如果考虑质量的加和性，则有

$$X_c^w = \frac{\rho_c(\rho - \rho_a)}{\rho(\rho_c - \rho_a)} \tag{2}$$

式中：ρ 为试样的密度（g/mL）；ρ_a 为完全无定形聚合物的密度（g/mL）；ρ_c 为完全结晶聚合物的密度（g/mL）；X_c^w 为重量结晶度。

采用密度梯度法测量聚合物结晶度是需要知道完全结晶聚合物的密度（ρ_c）和完全非结晶聚合物的密度（ρ_a），一般可以从工具手册和文献中查到。ρ_c 可以采用广角 X 射线衍射法测定晶胞参数，根据该聚合物晶系进行计算；ρ_a 可以通过熔融淬冷的方法得到完全非晶的聚合物，然后采用密度梯度法测量其密度。原则上一个给定的结晶性聚合物，其 ρ_c 和 ρ_a 均有固定的值，但由于实验测量误差，文献中发表的数据仍有一定的差别。另外，对于有多晶型的聚合物，其 ρ_c 还与其晶型所属晶系和晶胞参数相关。表 3-7-1 为一些常用聚合物的晶区和非晶区的密度。

表 3-7-1 一些常用聚合物的晶区和非晶区的密度

聚合物	密度/（g/cm³）	
	ρ_c	ρ_a
高密度聚乙烯	1.014	0.854
全同聚丙烯	0.936	0.854
等规聚苯乙烯	1.120	1.052
尼龙 6	1.230	1.084
全同聚丁烯	0.95	0.868

三、仪器和样品

1.仪器

带磨口塞玻璃密度梯度管、恒温槽、测高仪、标准玻璃小球一组、密度计、磁力搅拌器。

2.样品

去离子水、工业乙醇、聚乙烯样品和聚丙烯样品。

四、实验步骤

1.密度梯度管的制备

根据欲测样品密度的大小和范围，确定梯度管测量范围的上限和下限，然后选择两种合适的液体，使轻液的密度等于上限，重液的密度等于下限。同时应该注意到，如选用的两种液体密度值相差大，所配制成的梯度管的密度梯度范围就大，密度随高度的变化率较大，因而在同样高度管中其精确度就低。选择好液体体系是很重要的，选择密度梯度管的液体，要求：不被样品吸收，不与样品起任何物理、化学反应；两种液体能以任何比例相互混合；两种液体混合时不发生化学作用；具有低的黏度和挥发性。常用的典型体系见表3-7-2。

表3-7-2　常用的密度梯度管混合溶液卫生体系

混合溶液	密度范围/（g/cm³）
乙醇—水	0.79 ~ 1.00
乙醇—四氯化碳	0.79 ~ 1.59
甲苯—四氯化碳	0.87 ~ 1.59
四氯化碳—二溴丙烷	1.60 ~ 1.99

本实验测定聚乙烯和聚丙烯的密度，选用水—工业乙醇体系。

密度梯度管的配制方法简单，一般采用连续注入法配制，如图3-7-2所示。A、B是两个同样大小的玻璃圆筒，A盛轻液（这里是乙醇），B盛重液（这里是去离子水），它们的体积之和为密度梯度管的体积，B玻璃圆筒底部有搅拌子在搅拌，初始流入梯度管的是重液，开始流动后B玻璃圆筒的密度就慢慢变化，显然梯度管E中液体密度变化与B玻璃圆筒的变化是一致的。关闭玻璃圆筒A、B之间的双通阀f_1以及玻璃圆筒B的出口阀f_2，分别将轻液和重液各300mL装进玻璃圆筒A、B内。

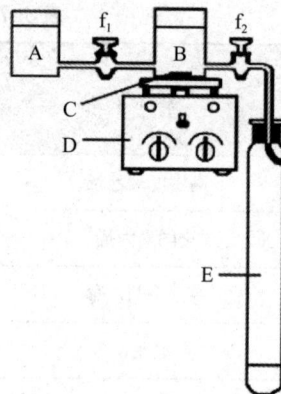

图3-7-2　连续注入法配制密度梯度液

打开磁力搅拌器C。完全打开双通阀f_1。打开出口阀f_2（适当调节f_2启开程度，保证液流缓慢），直至密度梯度管D内液量达到约500mL，关闭B瓶出口阀f_2。

2. 密度梯度管的校验

配制成的密度梯度管在使用前一定要进行校验，观察是否得到较好的线性梯度和精确度。校验方法是将已知密度的一组玻璃小球，由相对密度大至小一次投入管内，平衡后（一般要2h左右）用测高仪测定小球悬浮在管内的中心高度，然后做出小球密度对小球高度的曲线，如果得到的是一条不规则曲线，必须重新制备梯度管。校验后梯度管中任何一点的密度可以从标定曲线上查得。密度梯度是非平衡体系，随温度和使用的操作等原因会使标定曲线发生改变。标定后，小球可停留在管内作参考点，实验中一致密度的一组玻璃浮标（玻璃小球）8个，每隔15min，记录一次高度，在连续两次之间各个浮标的位置读数，相差在±0.1mm时，就可以认为浮标已经达到平衡位置（一般约需2h）。

3. 聚合物密度测定

待测样品事先要在真空烘箱中干燥24h，取准备好的样品（聚乙烯、聚丙烯）先用轻液（去离子水）浸润以避免附着气泡，然后轻轻放入密度梯度管中，平衡后，测定试样在管中的高度，重复测定3次，从标定曲线上读出试样密度。

4. 实验后

实验完毕，用金属丝网勺按由上至下的次序轻轻地逐个捞起小球，并且事先将标号袋由小到大严格排好次序，使每取出一个小球即装入相应的袋中，待全部玻璃小球及样品依次捞起后，盖上密度梯度管盖子。

五、数据分析和结果处理

1. 标定曲线

按表3-7-3记录实验数据，并作出标定曲线。

表3-7-3 实验数据记录表

轻组分：＿＿＿＿＿＿＿＿＿　　重组分：＿＿＿＿＿＿＿＿＿　　温度：＿＿＿＿＿＿＿＿＿

轻组分密度：＿＿＿＿＿＿＿　　重组分密度：＿＿＿＿＿＿＿　　稳定时间：＿＿＿＿＿＿＿

被测样品		高度H（第1次）	高度H（第2次）	高度H（第3次）	高度H（第4次）	密度$\rho/(g/cm^3)$
标准玻璃小球	1					
	2					
	3					
	4					
	5					

2. 试样密度的测定（表3-7-4）

表3-7-4　试样密度测定数据记录表

被测样品		高度H（第1次）	高度H（第2次）	高度H（第3次）	高度H（第4次）	密度 $\rho/(g/cm^3)$
聚乙烯	1					
	2					
	3					
聚丙烯	1					
	2					
	3					

3. 结晶度的计算

从文献上查得样品的晶区密度ρ_c和非晶区密度ρ_a，根据式（1）和式（2）计算样品的结晶度。

六、思考题

（1）如要测定一个样品密度，是否一定要用密度梯度管，还可以用什么方法测定？

（2）影响密度梯度管精确度的因素是什么？

（3）为什么密度梯度柱能使用很长时间（数周甚至数月）而保持密度梯度基本不变？

（4）为什么通过测定聚合物的密度可以得到聚合物的结晶度？

七、参考文献

［1］李允明. 高分子物理实验［M］. 杭州：浙江大学出版社，1996.

［2］何曼君，等. 高分子物理［M］. 上海：复旦大学出版社，2000.

实验八　凝胶色谱法测定聚合物的分子量分布

（实验时间：3h）

一、目的和要求

（1）了解凝胶渗透色谱法的测量原理和操作技术。

（2）掌握分子量分布曲线的分析方法，得到样品的数均分子量、重均分子量和多分散性指数。

二、原理

合成聚合物一般是由不同分子量的同系物组成的混合物，具有两个特点：分子量大和同系物的分子量具有多分散性。目前在表示某一聚合物分子量时一般同时给出其平均分子量和分子量分布。分子量分布是指聚合物中各同系物的含量与其分子量间的关系，可以用聚合物的分子量分布曲线来描述。聚合物的物理性能与其分子量和分子量分布密切相关，因此对聚合物的分子量和分子量分布进行测定具有重要的科学和实际意义。同时，由于聚合物的分子量和分子量分布是由聚合过程的机理所决定，通过聚合物的分子量和分子量分布与聚合时间的关系可以研究聚合机理和聚合动力学。测定聚合物分子量的方法有多种，如黏度法、端基分析法、超离心沉降法、动态/静态光散射法和凝胶色谱法（GPC）对等；测定聚合物分子量分布的方法主要有三种：

（1）利用聚合物溶解度的分子量依赖性，将试样分成分子量不同的级分，从而得到试样的分子量分布，例如沉淀分级法和梯度淋洗分级法。

（2）利用聚合物分子链在溶液中的分子运动性质得出分子量分布。例如：超速离心沉降法。

（3）利用聚合物体积的分子量依赖性得到分子量分布，例如：凝胶色谱法（或称为体积排除色谱法）。

凝胶色谱法具有快速、精确、重复性好等优点，目前成为科研和工业生产领域测定聚合物分子量和分子量分布的主要方法。

1.凝胶色谱法的分离机理

凝胶色谱法是液相色谱的一个分支，其分离部件是一个以多孔性凝胶作为载体的色谱柱，凝胶的表面与内部含有大量彼此贯穿的大小不等的空洞。色谱柱总面积 V_t 由载体骨架体积 V_g、载体内部孔洞体积 V_i 和载体粒间体积 V_0 组成。GPC的分离机理通常用"体积排斥效应"解释，因此GPC有时也称为体积排除色谱（SEC）。待测聚合物试样以一定速度流经充满溶剂的色谱柱，溶质分子流经填料孔洞的概率与分子尺寸有关，分为以下三种情况：

（1）高分子尺寸大于填料所有孔洞孔径，高分子只能存在于凝胶颗粒之间的空隙中，淋洗体积 $V_e=V_0$ 为定值；

（2）高分子尺寸小于填料所有孔洞孔径，高分子可在所有凝胶孔洞之间填充，淋洗体积 $V_e=V_0+V_i$ 为定值；

（3）高分子尺寸介于前两种之间，较大分子流经孔洞的概率比较小分子流入的概率要小，在柱内流经的路程要短，因而在柱中停留的时间也短，从而达到了分离的目的。当聚合物溶液流经色谱柱时，较大的分子被排除在粒子的小孔之外，只能从粒子间的间隙通过，速率较快；而较小的分子可以进入粒子中的小孔，通过的速率要慢得多。经过一定长度的色谱柱，分子根据分子量被分开，分子量大的在前面（即淋洗时间短），分子量小的在后面（即淋洗时间长）。自试样进柱到被淋洗出来，所接受到的淋出液总体积称为该试样的淋出体积。当仪器和实验条件确定后，溶质的淋出体积与其分子量有关，分子量愈大，其淋出体积愈小。分子的淋出体积为：

$$V_e = V_0 + KV_i（K为分配系数0 \leq K \leq 1，分子量越大越趋于1）\tag{1}$$

对于上述第（1）种情况 $K=0$，第（2）种情况 $K=1$，第三种情况 $0<K<1$。综上所述，对于分子尺寸与凝胶孔洞直径相匹配的溶质分子来说，都可以在 $V_0 \sim V_0+V_i$ 淋洗体积之间按照分子量由大到小依次被淋洗出来。

2. 凝胶色谱法的检测机理

除了将分子量不同的分子分离开来，还需要测定其含量和分子量。实验中用示差折光仪测定淋出液的折光指数与纯溶剂的折光指数之差 Δn，而在稀溶液范围内 Δn 与淋出组分的相对浓度 Δc 呈正比，则以 Δn 对淋出体积（或时间）作图可表征不同分子的浓度。图3-8-1为折光指数之差 Δn（浓度响应）对淋出体积（或时间）作图得到的GPC谱图示意图。

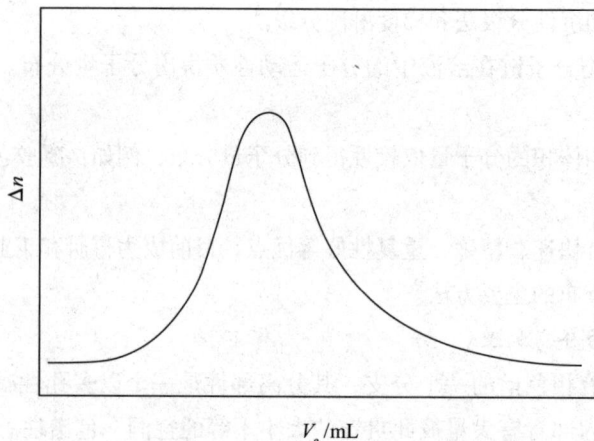

图3-8-1　折光指数之差 Δn 对淋出体积作图得到的GPC谱图

3. 凝胶色谱法校正曲线

用已知分子量的单分散标准聚合物预先做一条淋洗体积或淋洗时间和分子量对应关系曲线，该线称为"校正曲线"。聚合物中几乎找不到单分散的标准样，一般用窄分布的试样代替。在相同的测试条件下，做一系列的GPC标准谱图，对应不同相对分子质量样品的保留时间，以 $\lg M$ 对 t 作图，所得曲线即为"校正曲线"；用一组已知分子量的单分散性聚合物标准试样，以它们的峰值位置的 V_e 对 $\lg M$ 作图，可得GPC校正曲线（图3-8-2）。

由图3-8-2可见，当 $\lg M>a$ 与 $\lg M<b$ 时，曲线与纵轴平行，说明此时的淋洗体积与试样分子量无关。$V_0+V_i \sim V_0$ 是凝胶选择性渗透分离的有效范围，即为标定曲线的直线部分，一般在这部分分子量与淋洗体积的关系可用简单的线性方程表示：

$$\lg M = A + BV_e \qquad (2)$$

式中：A、B 为常数，与聚合物、溶剂、温度、填料及仪器有关，其数值可由校正曲线得到。

对于不同类型的高分子，在分子量相同时其分子尺寸并不一定相同。用聚苯乙烯作为标准样品得到的校正曲线不能直接应用于其他类型的聚合物。而许多聚合物不易获得窄分布的标准样品进行标定，因此希望能借助于某一聚合物的标准样品在某种条件下测得的标准曲线，通过转换关系在相同条件下用于其他类型的聚合物试样。这种曲线称为普适校正曲线。根据 Flory 流体力学体积理论，当两种柔性高分子具有相同的流体力学体积时有：

$$[\eta]_1 M_1 = [\eta]_2 M_2 \qquad (3)$$

再将 Mark-Houwink 方程 $[\eta] = KM^{\partial}$ 代入上式可得：

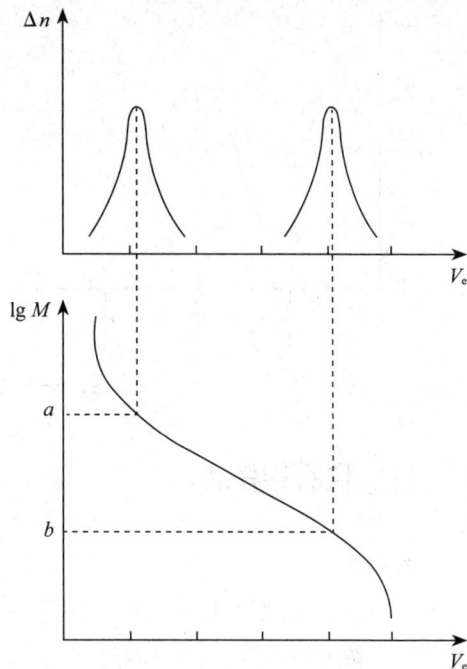

图 3-8-2　GPC 校正曲线示意图

$$\lg M_2 = \frac{1}{1+\partial_2} \lg \frac{K_1}{K_2} + \frac{1+\partial_1}{1+\partial_2} \lg M_1 \qquad (4)$$

由此，如已知在测定条件下两种聚合物的 K、α 值，就可以根据标样的淋出体积与分子量的关系换算出试样的淋出体积与分子量的关系，只要知道某一淋出体积的分子量 M_1，就可算出同一淋出体积下其他聚合物的分子量 M_2。

4. 柱效率和分离度

与其他色谱分析方法相同，实际的分离过程并非理想的分离过程，即使对于分子量完全均一的试样，其在 GPC 的图谱上也有一个分布。采用柱效率和分离度能全面反映色谱柱性能的好坏。色谱柱的效率是采用"理论塔板数"N 进行描述的。测定 N 的方法是使用一种分子量均一的纯物质，如邻二氯苯、苯甲醇、乙腈和苯等作 GPC 测定，得到色谱峰如图 3-8-3 所示。

从图中得到峰顶位置淋出体积 V_R，峰底宽 W，按照下式计算 N：

$$N = 16 (V_R/W)^2 \qquad (5)$$

对于相同长度的色谱柱，N 值越大意味着柱子效率越高。

GPC 柱子性能的好坏不仅看柱子的效率，还要注意柱子的分辨能力，一般采用分离度 R 表示：

$$R = 2 (V_2 - V_0) / (W_1 + W_2) \qquad (6)$$

如图 3-8-3 所示的完全分离情形，此时 R 应大于或等于 1，当 R 小于 1 时分离是不完全的。

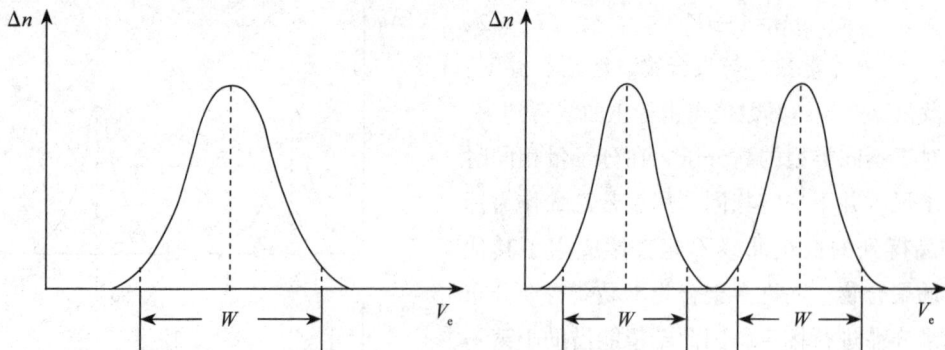

图3-8-3　柱效率和分离度示意图

三、仪器和样品

1.仪器

Waters 1525型凝胶色谱仪，如图3-8-4所示。凝胶色谱仪主要由输液系统、进样器、色谱柱、浓度检测器、分子质量检测器及数据处理系统等组成。

图3-8-4　Waters 1525型凝胶色谱仪

2.样品

苯乙烯，四氢呋喃，浓度控制在2~5mg/mL。

称取一定量的苯乙烯样品放入样品瓶，用注射器量取一定量四氢呋喃放入样品瓶摇匀，放置24h，配置一系列不同分子量的窄分布聚苯乙烯溶液。

四、实验步骤

（1）开仪器顺序为：开启电源开关后，按顺序打开输液系统，打开监检装置，开进样系统，开色谱柱，最后打开电脑。

（2）电脑桌面上双击"BREEZE2"图标打开软件，进行参数设置，点击流量图标，流量A设置成1.00，变化率时间设置成5.0分，点击应用，流速从0上升到1mL/min。

（3）在监检器界面进行柱温设置，按一下Temper，调整柱温，通过Enter键把温度设置成35℃。设置完点Home返回主界面。

（4）在流量上升到1mL/min后对仪器进行排气净化和平衡基线操作。按Enter键进入主界面，依次按下Shift和1进入排气净化程序，大约需要1h左右的时间。同时打开平衡/系统监视器，点击平衡监视器按钮就可以看基线运行情况，1h后再次按下Shift和1，系统自动进入平衡基线界面。

（5）点击样品队列对测试进行样品信息如样品名称等的编辑。

（6）将配置好的样品经过滤膜过滤后注入样品瓶（做好标注）。

（7）打开样品仓门，将样品瓶放入样品盘，如图3-8-5所示。

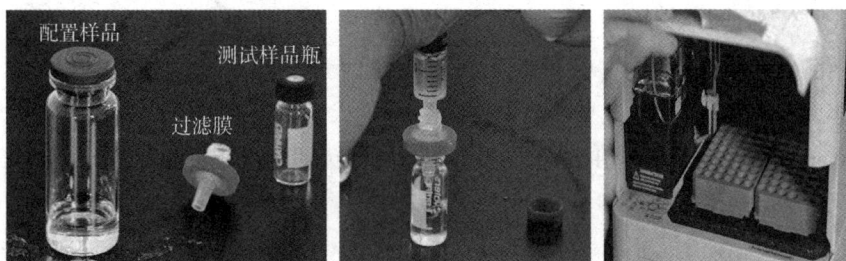

图3-8-5　过滤膜、样品瓶和样品盘

（8）待基线走平点击运行样品就可以进行测试了。

（9）使用仪器前先看仪器使用视频，掌握了仪器使用方可操作。

五、数据处理

在软件界面中点击"查询数据"来到测试数据界面，在上面一排按钮中点击"通道"选择我们需要处理的数据，点击右键选"查看"，进入GPC数据处理界面，点击"文件"选择打开，然后选择处理方法，点击峰开始位置一直拖拽鼠标到峰结束位置才松开鼠标，这一段补充红色。

再点击定量按钮，下面的表格中就出现了数均分子量、重均分子量、分子量分布等信息。

点击"文件"选择保存全部，这样整个测试结果就保存下来了。

回到"查询数据"，在上面一排按钮中点击"结果"，点击"更新"，选择刚才处理的数据，点击"右键"，选择"预览"按钮就进入测试单界面点击"保存报告"，就可以把测试报告保存下来了。软件生成的是包括一个分子量分布图和数均分子量、重均分子量、分子量分布等信息表格的测试报告。

完成测试把流量A设置成0.00，变化率时间设置成5.0分，待流量变成0.00，进行关机。关机时先关软件，再关电脑。

把测试报告打印附在实验报告里或导出数据自己画图和列表。

六、思考题

（1）为什么GPC测定聚合物分子量是一种间接的方法？

（2）GPC测定聚合物分子量时有哪些影响因素？

（3）对于嵌段共聚物，能不能通过GPC计算每一嵌段的长度？如果不能，为什么？可以采用哪种实验手段测定嵌段共聚物的链段长度？

七、参考文献

［1］何曼君，等. 高分子物理［M］. 上海：复旦大学出版社，2000.

［2］李允明. 高分子物理实验［M］. 杭州：浙江大学出版社，1996.

［3］Waters 1515 Isocratic HPLC型凝胶色谱仪操作说明.

实验九　高分子材料玻璃化转变温度的实验

（实验时间：8h）

一、实验目的

（1）熟悉动态热机械分析仪（DMA）的使用方法和工作原理，了解不同样品的测试方法和手段。

（2）通过聚合物PP动态模量和力学损耗与温度关系曲线的测定，了解线性非结晶聚合物不同的力学状态。

（3）掌握玻璃化转变温度T_g的求取，并根据曲线得出一些结论，分析材料的热力学性质。

二、实验原理

动态热机械分析仪是研究物质的结构及其化学与物理性质最常用的物理方法之一，分析表征力学松弛和分子运动对温度或频率的依赖性，主要用于评价高聚物材料的使用性能，研究材料结构与性能的关系，研究高聚物的相互作用，表征高聚物的共混相容性，研究高聚物的热转变行为等。主要包括：

（1）高聚物的玻璃化转变及熔融行为。

（2）高聚物的热分解或裂解及热氧化降解。

（3）新的或未知高聚物的鉴别。

（4）释放挥发物的固态反应及其反应动力学研究。

（5）高聚物的吸水性和脱水性研究，以及对水、挥发组分和灰分等的定量分析。

（6）高聚物的结晶行为和结晶度，共聚物和共混物的组成、形态及相互作用和共混相容性的研究。

所谓动态力学，是指物质在交变载荷或振动力的作用下发生的松弛行为，所以动态力学分析（DMA）就是研究在程序升温条件下测定这种行为的方法。高聚物是一种黏弹性物质，因此在交变力的作用下其弹性部分及黏性部分均有各自的反应，而这种反应又随温度的变化而改变。高聚物的动态力学行为能模拟实际使用情况，而且它对玻璃化转变、结晶、交联、相分离及分子链各层次的运动都十分敏感，所以它是研究高聚物分子运动行为极有用的方法。

如果施加在试样上的交变应力为σ，产生的应变为ε，由于高聚物黏弹性的关系，其应变将滞后于应力，则ε、σ分别以下式表示：

$$E=\varepsilon_0\exp(i\omega t)$$

$$\sigma=\sigma_0\exp[i(\omega t+\delta)]$$

式中：ε_0、σ_0为最大振幅的应变和应力；ω为交变力的角频率；δ为滞后相位角。

$i=-1$时，复数模量：$E^*=\sigma/\varepsilon=\sigma_0/\varepsilon_0\exp(i\delta)=\sigma_0/\varepsilon_0(\cos\delta+i\sin\delta)=E'+iE''$

其中$E'=\sigma_0/\varepsilon_0\cos\delta$为实数模量，即模量的储能部分；而$E''=\sigma_0/\varepsilon_0\sin\delta$表示与应变相差$\pi/2$的虚数模量，是能量的损耗部分。另外，还有用内耗因子Q^{-1}或损失角正切$\tan\delta$来表示损耗，即$Q^{-1}=\tan\delta=E''/E'$（或$\tan\delta=G''/G'$，G为切变模量）。

黏弹性物质在正弦交变载荷下的应力应变响应如图3-9-1所示。

因此在程序控制的条件下不断地测定高聚物E''、E'和$\tan\delta$值，可以得到如图3-9-2所示的动态力学—温度谱（动态热机械分析图谱）。图中所示的曲线是比较典型下的，实际测出的高聚物谱图曲线在形状上与之十分相似。从图中看到实数模量呈阶梯状下降，而在阶梯下降相对应的温度区E''和$\tan\delta$则出现高峰，表明在这些温度区高聚物分子运动发生某种转

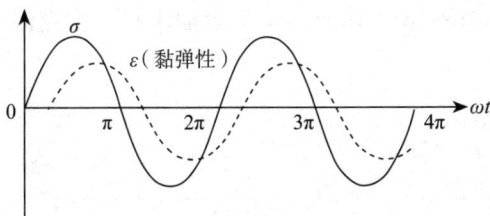

图3-9-1　黏弹性物质在正弦交变载荷下的应力应变响应

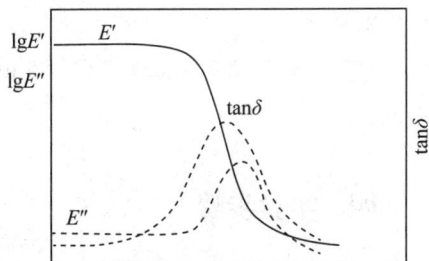

图3-9-2　典型的高聚物动态力学—温度谱

变，即某种运动的解冻。其中，对非晶态高聚物而言，最主要的转变是玻璃化转变，因此模量明显下降，同时分子链段克服环境黏性运动而消耗能量，从而出现与损耗有关的 E'' 和 $\tan\delta$ 的高峰。为了方便起见，将 T_g 以下（包括 T_g）所出现的峰按温度由高到低分别以 α、β、γ、δ、ε……命名，但这种命名并不表示其转变本质。

三、实验仪器和原料

1. 仪器

动态热机械分析仪（图3-9-3），Q850型，美国TA公司生产，频率1Hz，升温速率10℃/min，仪器主要技术指标：

图3-9-3　Q850型动态热机械分析仪

（1）操作模式：多重应力、应变和频率模式，具有直接测定样品力传感器和位传感器。

（2）频率范围：0.001~200Hz。

（3）温度范围：-150~500℃。

（4）受力范围：0.005~8N。

（5）$\tan\delta$范围：0.0001~100。

（6）刚度范围：10~108N/m。

（7）仪器操作系统和分析系统均由计算机控制，配备专业的DMA分析软件。

2. 原料

试样：长宽2~10mm或直径5mm，宽和厚不超过4mm，上下表面平行，指定温度区间。

四、实验步骤

（1）将送检样品做成DMA测试样品，样品直径大小为2.0mm，测试方向上的两表面要水平且平整。

（2）仪器开机，设置试验参数，测试前，设备及软件开机稳定至少1h。

（3）根据样品的特性选择对应的测量模式，制样的要求依据夹具来制定，样品放置好后，检测试验参数无误，开始测试，降温阶段必须选取液氮制冷功能。

（4）测试结束，设备里面的样品温度应降至80℃以下才可以开炉体，待冷却至室温后才可取出样品，然后进行第二次测试或关机。

（5）使用仪器前先看仪器使用视频，掌握仪器使用方法后方可操作。

五、实验注意事项

制样和放样一定要小心，升温速率不能太快。

六、实验结果及数据处理

实验结束后，对实验所得曲线进行分析，得出相应的测试结果。

试验记录：

（1）测试样品尺寸，输入几何因子。

（2）设置温度范围、最大动态力、测试频率等参数。

七、实验思考题

（1）根据图谱，从中分析出样品的玻璃化转变温度、塑性形变阶段等信息。

（2）影响玻璃化转变温度的因素有哪些？

第四章　聚合物成型工艺实验

实验一　PP/PE 挤出造粒实验

（实验学时：4h）

一、实验目的

（1）了解聚烯烃挤出的基本程序和参数设置原理。

（2）螺杆挤出机的基本结构和工作过程。

（3）了解螺杆挤出机的功能和应用。

二、实验原理

聚丙烯是线型高分子，加热可以熔融，从而可以与填料及助剂共混加工。碳酸钙因其价廉易得而被广泛应用于聚合物的填充和改性。相对于聚丙烯，碳酸钙具有更加高的模量和强度。因此用碳酸钙来改性聚丙烯，可以提高聚丙烯的模量及强度。但是改性的效果取决于碳酸钙在聚丙烯中的分散效果。本实验采用单螺杆挤出混合的原理，使得聚丙烯和碳酸钙在强剪切力、挤压力的作用下混合均匀。

挤出成型是热塑性塑料成型加工的重要方法之一，热塑性塑料的挤出加工是在挤出机的作用下完成的。在挤出过程中，物料通过料斗进入挤出机的料筒内，挤出机螺杆以固定的转速拖曳料筒内物料向前输送。通常，根据物料在料筒内的变化情况，将整个挤出过程分成三个阶段。在料筒加料段，在旋转着的螺杆作用下，物料通过料筒内壁和螺杆表面的摩擦作用向前输送和压实。物料在加料段内呈固态向前输送。物料进入压缩段后由于螺杆螺槽逐渐变浅，以及靠近机头端滤网、分流板和机头的阻力而使所受的压力逐渐升高，进一步被压实；同时，在料筒外加热和螺杆、料筒对物料的混合、剪切作用所产生的内摩擦热的作用下，塑料逐渐升温至黏流温度，开始熔融，大约在压缩段处全部物料熔融为黏流态并形成很高的压力。物料进入均化段后将进一步塑化和均化，最后螺杆将物料定量、定压地挤入机关。机头中口模是成型部件，物料通过它便获得一定截面的几何形状和尺寸，再通过冷却定型、切断等工序就得到成型制品。

合成树脂一般为粉末状，粒径较小、松散、易飞扬。为便于成型加工，需将树脂与各种助剂混合塑炼制成颗粒状，这个工序称为造粒。造粒的目的在于进一步使配方均匀，排除树脂颗粒间及颗粒内的空气，使物料被压实到接近制成品的密度，以减少成型过程中的塑化要求，并使成型操作容易完成。一般造粒后的颗粒料较整齐，且具有固定的形状。颗粒料是塑料成型加工的原料，用颗粒料成型有如下优点：加料方便，不需强制加料器；颗粒料密度比粉末料大，制品质量较好；空气及挥发物含量较少，制品不易产生气泡。造粒工序对于大多数单螺杆挤出机生产塑料挤出制品一般是必需的，而双螺杆挤出机可直接使用捏合好的粉料生产。热塑性物料的造粒可分冷切法和热切法两大类。冷切法又可分拉片冷切、挤条冷切等几种；热切法则可分干热切、水下热切、空中热切等几种。

造粒的主要设备是混炼式挤出机或采用塑炼机（开炼机或密炼机）配合切粒机进行。除拉片冷切法采用平板切粒机造粒外，其余方法均采用挤出机造粒。挤出造粒有操作连续、密闭性好、机械杂质混入少、产量高、劳动强度小、噪声小等优点。无论何方法，均要求粒料颗粒大小均匀，色泽一致，外形尺寸3~4mm。如果颗粒尺寸过大，成型时加料困难，熔融也慢。造粒后物料形状以球形或药片形较好。常用树脂适用的造粒方法见表4-1-1。

表4-1-1　常用树脂适用的造粒方法

造粒方法树脂	冷切法			热切法		
	切片冷切	挤出冷切	挤条冷切	干热切	水下热切	空中热切
软聚氯乙烯	○	○	○	○	○	○
硬聚氯乙烯	○	○	○	○	△	△
聚乙烯	△	○	○	×	○	△
聚丙烯	△	○	○	×	○	○
ABS	×	△	○	×	○	△
聚酰胺	×	×	○	×	○	×
聚碳酸酯	×	×	○	×	△	△
聚甲醛			○		△	
颗粒形状	长方形，正方形	长方形，正方形	圆柱形	球形，药片形	球形，药片形	圆柱形

注　○–最适宜；△–尚可；×–不适宜。

三、实验设备和材料

1.设备
HK-26平行同向双螺杆挤出机，南京科亚化工成套装备有限公司，设备及结构如图4-1-1所示。

2.材料
聚丙烯（PP），聚乙烯（PE），电子天平，隔热手套，牛皮纸，烧杯，玻璃棒。

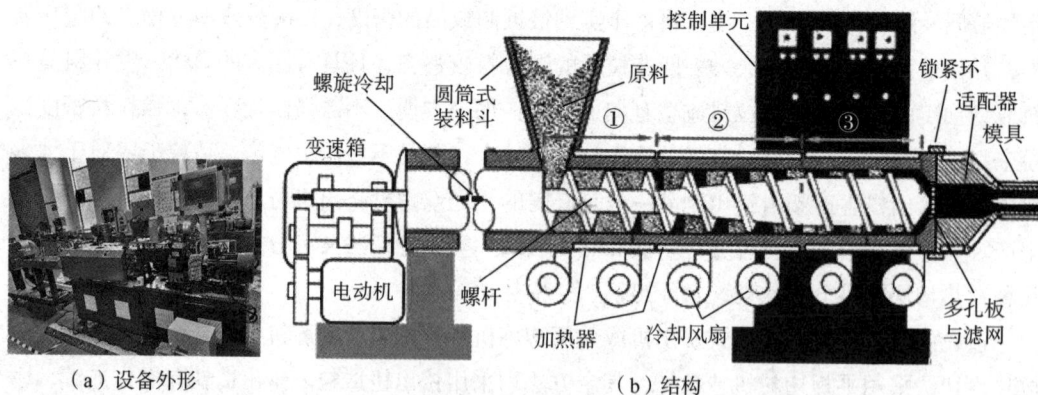

（a）设备外形　　　　　　　　　　　　　　　（b）结构

图4-1-1　挤出机外形及结构

螺杆区域：①固体输送；②熔融；③计量

四、实验步骤

1.实验前准备工作

依照相关资料了解所使用材料（PP）的熔点和流动特性设定挤出温度：PP的熔点在164～170℃，加工温度在210～250℃，注射加工温度<275℃，熔融段温度最好在240℃，PE的成型温度在140～220℃之间，将所加工材料用电热干燥。检查料斗确认无异物。检查冷凝水连接是否正常。检查润滑油是否足量。

2.实验过程

（1）接通电源总闸，并合上挤出机总开关，此时，指示灯亮。

（2）启动挤出机主机。

（3）打开电脑和测试控制软件。

（4）设置加热温度和螺杆转速（600r/min，50Hz）。料筒分为6个区，分段加热，各段温度见表4-1-2。

表4-1-2　料筒加热各区段温度

区段	机头	六区	五区	四区	三区	二区	一区
设定温度/℃	20	21	19	19	18	18	17

（5）开启润滑电机开关，润滑电机启动。开启切粒装置及风刀。往冷却水槽通水。

（6）按老师要求称量碳酸钙和PP，加料。

（7）待温度达到设置温度时，启动螺杆。开启喂料电机，并调整至合适转速。等LDPE物料从机头挤出长条后，牵引使之通过冷却水槽，然后引至风干系统风干后切粒。

（8）清料。

（9）停止螺杆、停止加热。

（10）关闭主机。

（11）关闭测试控制软件后关闭电脑。

（12）做好机械的清洁和保养工作。

（13）把所有工具交还给实验指导教师。

五、注意事项

（1）将加料电机转速降为0，然后关闭加料电机；主机空转1～2min，熔体压力较低后，停主电机。

（2）开启主电机前要保证润滑电机启动。停机时要将主电机和喂料电机调速环降低到零位。

（3）如有异常可紧急停机，然后查明故障原因。

六、实验结果记录与讨论

记录下实验配方，即碳酸钙和PP或（PE）的比例；以及实验条件如螺杆各区温度，把挤出产物干燥后装入编好号的自封袋，拍照后图片附在实验报告上，对本实验做小结。自封袋产品保存好用于后续的注塑实验及拉伸和冲击性能测试实验。

七、实验思考题

（1）本实验过程中为什么会出现挤出胀大效应？

（2）为什么机头的温度比六区段的温度要低一点？

实验二　PP/PE 注射机成型实验

（实验学时：4h）

一、实验目的

（1）学会正确操作注射成型机。

（2）熟悉塑料成型模具的安装、调试过程。

（3）熟悉注射机的基本结构和工作过程。

（4）掌握PP/PE注射成型的原理。

二、实验原理

聚乙烯、聚丙烯是热塑性高分子，加热可以熔融，从而可以与填料及助剂共混加工。聚乙烯、聚丙烯具有广泛的用途，是各种薄膜、管材、板材的主要原料之一。聚乙烯、聚丙烯制品主要通过注射成型工艺得到。本实验采用螺杆型的注射成型机，使得聚乙烯和聚丙烯的共混物在剪切力、挤压力的作用下充模成型。热塑性塑料具有受热软化和在外力作用下流动的特点，当冷却后又能转变为固态，而塑料的原有性能不发生本质变化，注射成型正是利用塑料的这一特性，是热塑性塑料成型制品的一种重要方法，塑料在注射料筒中经外加热，螺杆对物料和物料之间的摩擦生热使塑料熔化呈流动状后，在螺杆的高压，高速作用推动下，塑料熔体通过喷嘴注入温度较低的封闭模具型腔中，经冷却定型成为所需的制品。注塑成型的手动模式主要步骤如图4-2-1所示。需要注意的是，合膜之前一定要确保脱模退，否则会顶伤仪器。

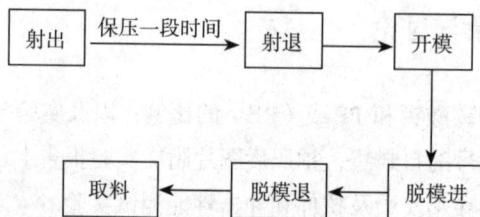

图4-2-1　注塑成型的手动模式

三、实验设备及材料

1.实验设备

MA600Ⅱ/130B注塑机，宁波海天塑机集团有限公司，注塑机及其结构如图4-2-2所示。模具有拉伸和冲击样条2套、漱口杯1套，模具可注塑产品如图4-2-3所示。实验课用拉伸和冲击样条，实习用漱口杯。

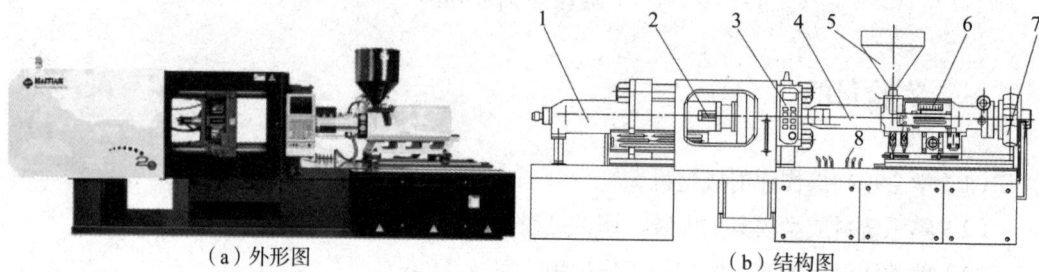

（a）外形图　　　　（b）结构图

图4-2-2　塑料注塑成型机

1—合模机构　2—顶出装置　3—操纵按钮　4—塑化机构
5—料斗　6—加料计量装置　7—控制面板　8—油马达

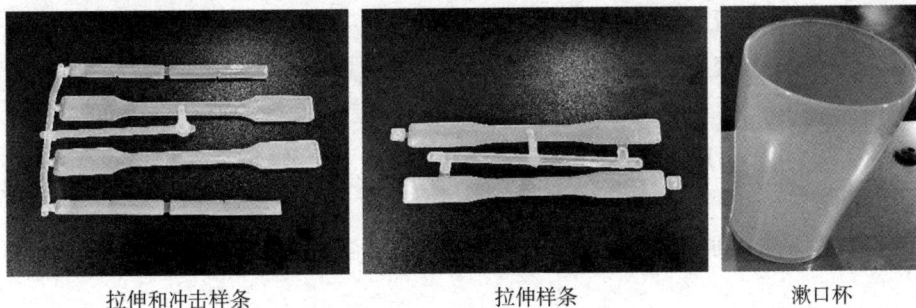

| 拉伸和冲击样条 | 拉伸样条 | 漱口杯 |

图4-2-3　模具可注塑产品图

2.材料

聚丙烯（PP），聚乙烯（PE），电子天平，隔热手套，牛皮纸，烧杯，玻璃棒。

四、实验步骤

1.准备工作

检查电源电压是否与电器设备的额定电压相符，否则应调整，使两者相同；检查各按钮，电器线路，操作手柄等有无损坏或失灵现象，各开关手柄应在"断"的位置；检查安全门在轨道上滑动是否灵活，开关能否触动限位开关；通水检查各冷却水管接头是否可靠，杜绝渗漏现象；检查料斗有无异物；检查喷嘴是否堵塞，并调整喷嘴模具位置。

2.具体步骤

（1）接通电源总闸，并合上注射机总开关，此时，指示灯亮。

（2）接通料筒，喷嘴加热线路，并根据工艺条件确定料筒上各段加热温度，以及喷嘴的加热温度。

（3）称量PE、PP。

（4）关闭料斗落料口插板，并进行上料。

（5）启动油泵电机。

（6）选定注射速度。

（7）待料筒、喷嘴温度达到规定温度并保温一定时间后，打开料斗中料口插板，根据制品需料量，通过行程开关的位置变动，控制螺杆后退的距离，然后进行预塑。

（8）注射过程：闭合模具→储料→座模进→注射→射退→座模退→开模→托模进→托模退→重新闭合模具。

（9）在操作中发现异常应立即停止，经过检修确认正常后，再重新操作。

（10）操作结束时，应按先后顺序作复位工作。

（11）关闭料斗落料口插板。

（12）先切断加热电源，关闭油泵电机。然后切断总电源。

（13）将操作台上的按钮恢复到零位。

（14）做好机械的清洁和保养工作。

（15）把所有工具交还给实验指导教师。

五、实验注意事项

（1）设定料桶各段加热温度要根据样品的熔点和分解温度，料桶温度各段从加料口逐渐增加。

（2）实验完毕后一定要关闭加热系统和冷却水。

六、实验结果记录与讨论

（1）实验内容的记录。注射制品名称、塑料材料、颜色等；实验过程记录，实验过程的步骤及实验设备等，注射机、模具规格、型号；制品质量测量记录（尺寸与重量）；制品质量缺陷分析及改进措施。

（2）实验过程分析。注射周期各时间段顺序图；模具与注射机关系内容列表表达，并说明这些关系的作用；分析温度、压力、时间三要素对塑料产品质量的影响。

（3）分析产生图4-2-4所示残次品的原因。

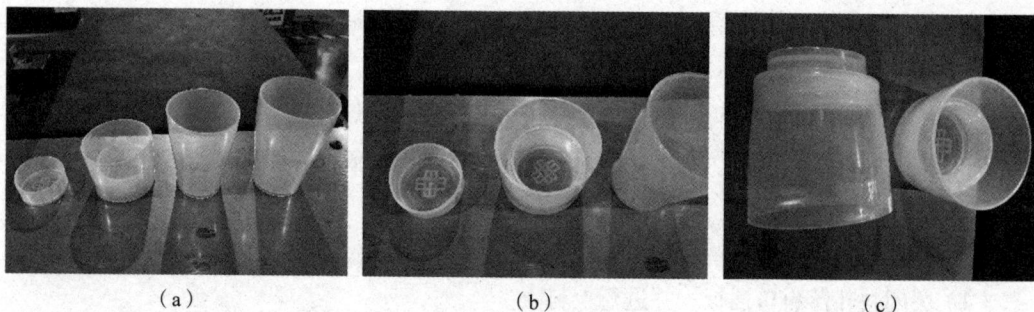

（a）　　　　　　　（b）　　　　　　　（c）

图4-2-4　产品的各类疵点

七、实验思考题

（1）注射成型工艺条件如何确定？

（2）讨论注射成型中，影响制品收缩率的因素。

（3）用注射充模流动过程讨论制品结构形态的形成。

实验三　橡胶塑炼、混炼、硫化实验

（实验学时：4h）

一、实验目的

（1）学习双辊开炼机设备的结构与工作原理。
（2）掌握硅橡胶的混炼操作及原理。
（3）掌握硫化的本质和影响硫化的因素。
（4）掌握硫化条件的确定和实施方法。

二、实验原理

橡胶又称为弹性体，是指具有高弹性能的高分子材料，一般分子量较高。硅橡胶因其具有优异的生物相容性、电气绝缘性、耐热性等特点，被广泛应用于生物医药、电子、电器领域。但是硅橡胶本身的力学性能较差，需要对它进行补强改性。本实验借助双棍开炼机提供的较强的剪切力的作用，把硅橡胶与炭黑粉体混合均匀。

开炼机混炼的工作原理是利用两个平行排列的中空辊筒，以不同的线速度相对回转，加胶包辊后，在辊距上方留有一定量的堆积胶，堆积胶拥挤、绉塞产生许多缝隙，配合剂颗粒进入缝隙中，被橡胶包住，形成配合剂团块，随胶料一起通过辊距时，由于辊筒线速度不同产生速度梯度，形成剪切力，橡胶分子链在剪切力的作用下被拉伸，产生弹性变形，同时配合剂团块也会受到剪切力作用而破碎成小团块，胶料通过辊距后，由于流道变宽，被拉伸的橡胶分子链恢复卷曲状态，将破碎的配合剂团块包住，使配合剂团块稳定在破碎的状态配合剂团块变小。胶料再次通过辊距时，配合剂团块进一步减小，胶料多次通过辊距后，配合剂在胶料中逐渐分散开来。采取左右割刀、薄通、打三角包等翻胶操作，配合剂在胶料中进一步分布均匀，从而制得配合剂分散均匀并达一定分散度的混炼胶。

混炼好后在硫化机上进行硫化。硫化是在一定温度、时间和压力下，混炼胶的线型大分子进行交联，形成三维网状结构的过程。硫化使橡胶的塑性降低，弹性增加，抵抗外力变形的能力大大增加，并提高了其他物理和化学性能，使橡胶成为具有使用价值的工程材料。

硫化是橡胶制品加工的最后一个工序。硫化的好坏对硫化胶的性能影响很大，因此，应严格掌握硫化条件。

（1）硫化机两热板加压面应相互平行。
（2）热板采用蒸汽加热或电加热。
（3）平板在整个硫化过程中，在模具型腔面积上施加的压强不低于3.5MPa。
（4）无论使用何种型号的热板，整个模具面积上的温度分布应该均匀。同一热板内各点间及各点与中心点间的温差最大不超过1℃；相邻二板间其对应位置点的温差不超过1℃。在热板中心处的最大温差不超过±0.5℃。

①片状（拉力等试验用）或条状试样。用剪刀在胶料上裁片，试片的宽度方向与胶料的压延方向要一致。胶料的体积应稍大于模具的容积，其重量用天平称量，胶坯的质量按照以下方法计算：

$$胶坯质量（g）=模腔容积（cm^3）× 胶料密度（g/cm^3）×（1.05 \sim 1.10）$$

为保证模压硫化时有充足的胶量，胶料的实际用量比计算的量再增加5% ~ 10%。裁好后在胶坯边上贴好编号及硫化条件的标签。

②圆柱试样。取2mm左右的胶片，以试样的高度（略大于）为宽度，按压延垂直方向裁成胶条，将其卷成圆柱体，且柱体要卷得紧密，不能有间隙，柱体体积要稍小于模腔，高度要高于模腔。在柱体底贴面上编号及硫化条件的纸标签。

③圆形试样。按照要求，将胶料裁成圆形胶片试样，如果厚度不够时，可将胶片叠放而成，其体积应稍大于模腔体积，在圆形试样底面贴上编号及硫化条件的纸标签。

按要求的硫化温度调节并控制好平板温度，使之恒定。

将模具放在闭合平板上预热至规定的硫化温度 ±1℃范围内，并在该温度下保持20min，连续硫化时可以不再预热。硫化时每层热板仅允许放一个模具。

硫化压力的控制和调节

硫化机工作时，由泵提供硫化压力，硫化压力由压力表指示，压力值的高低可由压力调节阀调节。

将核对编号及硫化条件的胶坯以尽快的速度放入预热好的模具内，立即合模，置于平板中央，上下各层硫化模型对正于同一方位后施加压力，使平板上升，当压力表指示到所需工作压力时，适当卸压排气3 ~ 4次，然后使压力达到最大，开始计算硫化时间，在硫化到达预定时间立即泄压启模，取出试样。

对新型平板硫化机，合模、排气、硫化时间和启模均为自动控制。

硫化后的试样剪去胶边，在室温下停放10h后则可进行性能测试。

三、实验设备和原料

1.设备

开练机和硫化机如图4-3-1和图4-3-2所示。

2.材料

炭黑，橡胶，硫化剂，防老剂，电子天平，牛皮纸，铲子。

图4-3-1 开练机

图4-3-2　平板硫化机

四、实验步骤

1. 橡胶的混炼

（1）旋转开练机前方的摇柄，设定双辊之间的间隙。

（2）设定双辊的温度（如有需要，比如塑炼和混炼天然橡胶等）。

（3）顺时针转动开练机的主电源开关，将其由"OFF"状态旋转到"ON"状态。

（4）设定双辊的转速（控制面板上有调速按钮）。

（5）加入硅橡胶，使其包辊，然后在两辊中间加入炭黑、硫化剂、防老剂填料，进行混炼试验。

（6）为了使混炼均匀，需要拿铲刀在包辊的橡胶上割一刀（切记，下刀处为辊的下半部分），使胶皮脱离辊面，然后打三角包，重新进行混炼，重复多次，直到混炼均匀。

（7）混炼试验结束后，旋转控制面板上的辊速调整旋钮，将前后辊调到较低的转速。

（8）按下控制面板上的红色停止按钮，停止双辊。

（9）旋转开练机前方的摇柄，将双辊之间的间隙调整到一个较大的值（例如：1mm）。

（10）关闭开练机的主电源开关。

2. 橡胶的硫化

（1）片状（拉力等试验用）或条状试样。用剪刀在胶料上裁片，试片的宽度方向与胶料的压延方向要一致。胶料的体积应稍大于模具的容积，其重量用天平称量，胶坯的质量按照以下方法计算：

$$胶坯质量（g）=模腔容积（cm^3）× 胶料密度（g/cm^3）×（1.05～1.10）$$

为保证模压硫化时有充足的胶量，胶料的实际用量比计算的量再增加5%～10%。裁好后在胶坯边上贴好编号及硫化条件的标签。

（2）圆柱试样。取2mm左右的胶片，以试样的高度（略大于）为宽度，按压延垂直方向裁成胶条，将其卷成圆柱体，且柱体要卷得紧密，不能有间隙，柱体体积要稍小于模腔，高度要高于模腔。在柱体底贴面上编号及硫化条件的纸标签。

（3）圆形试样。按照要求，将胶料裁成圆形胶片试样，如果厚度不够时，可将胶片叠放而成，其体积应稍大于模腔体积，在圆形试样底面贴上编号及硫化条件的纸标签。

按要求的硫化温度调节并控制好平板温度，使之恒定。

将模具放在闭合平板上预热至规定的硫化温度 ±1℃范围之内，并在该温度下保持20min，连续硫化时可以不再预热。硫化时每层热板仅允许放一个模具。

硫化压力的控制和调节。硫化机工作时，由泵提供硫化压力，硫化压力由压力表指示，压力值的高低可由压力调节阀调节。

将核对过编号及硫化条件的胶坯以尽快的速度放入预热好的模具内，立即合模，置于平板中央，上下各层硫化模型对正于同一方位后施加压力，使平板上升，当压力表指示到所需工作压力时，适当卸压排气3~4次，然后使压力达到最大，

开始计算硫化时间，在硫化到达预定时间立即泄压启模，取出试样。

对新型平板硫化机，合模、排气、硫化时间和启模均为自动控制。

硫化后的试样剪去胶边，在室温下停放10h后则可进行性能测试。

五、实验注意事项

（1）在开练机操作时，辊筒转动时，手不能接近辊缝处，双手尽量避免越过辊筒水平中心线上部，送料时手应作握拳状。割刀需在水平中心线以下部位操作。

（2）模压硫化实验时，由于模具温度较高，应戴手套操作，以免烫伤。

六、实验结果及讨论

记录实验条件如温度、混炼时间及产品状态（照片），写实验小结。

七、实验思考题

（1）是否可以使用坚硬的金属物质（例如：不锈钢、陶瓷）接触双辊表面？为什么？

（2）影响胶料硫化质量的主要因素有哪些？

（3）橡胶制品的拉伸性能与哪些因素有关？

实验四　橡胶密炼实验

（实验学时：4h）

一、实验目的

（1）学习密炼机设备的结构与工作原理。
（2）掌握密炼机混炼的操作方法。

二、实验原理

混炼是用炼胶机将生胶或塑炼生胶与配合剂炼成混炼胶的工艺，是橡胶加工最重要的生产工艺。本质来说是配合剂在生胶中均匀分散的过程，粒状配合剂呈分散相，生胶呈连续相。混炼可采用开炼机、密炼机和螺杆连续混炼机。橡胶混炼过程就其本质来说是配合剂在生胶中均匀分散的过程，粒状配合剂呈分散相，生胶呈连续相。在混炼过程中，橡胶分子结构、分子量大小及其分布、配合剂聚集状态均发生变化。通过混炼，橡胶与配合剂起了物理及化学作用，形成了新的结构。混炼胶是一种具有复杂结构特性的分散体系。由于生胶的黏度很高，为使配合剂渗入生胶中并在其中均匀混合和分散，必须借助于炼胶机的强烈机械剪切作用。用密炼机混炼操作安全，劳动强度小，是目前应用最普遍的混炼方法。

混炼要求配合剂均匀分散于生胶中，形成胶态分散体，以使硫化胶具有最佳性能。同时对混炼胶料的可塑度也有一定要求，使之能符合后工序的要求。混炼方法有一段混炼法和二段混炼法。前者是在橡胶中逐步添加配合剂；后者是先加入软化剂和粉末状填充剂进行第一阶段的粗混炼，胶料经冷却和放置一定时间后，再加硫黄和促进剂进行第二段混炼。

混炼是将橡胶（生胶）与各种配合剂在炼胶机内混合均匀的橡胶加工工艺。为了能够将粉状配合剂加入橡胶中，生胶须先经塑炼，提高其塑性及流动性。混炼过程是橡胶加工最基本的过程，加入配合剂后的混炼胶料的质量，对半成品的工艺性能和成品质量均具有决定性影响。

密闭式炼胶机简称密炼机，主要用于橡胶的塑炼和混炼。密炼机是一种设有一对特定形状并相对回转的转子、在可调温度和压力的密闭状态下间歇性地对聚合物材料进行塑炼和混炼的机械，主要由密炼室、转子、转子密封装置、加料压料装置、卸料装置、传动装置及机座等部分组成。密炼机是在开炼机的基础上发展起来的一种高强度间歇性的混炼设备。自1916年出现真正意义上的Banbury（本伯里）型密炼机后，密炼机的威力逐渐被人们所认识，它在橡胶混炼过程中显示出来比开炼机优异的一系列特征，如：混炼容量大、时间短、生产效率高；较好地克服粉尘飞扬，减少配合剂的损失，改善产品质量与工作环境；操作安全便利，减轻劳动强度；有益于实现机械与自动化操作等。因此，密炼机的出现是橡胶机械的一项重要成果，至今仍然是塑炼和混炼中的重要设备，仍在不断地发展和完善。

密炼机一般由密炼室、两个相对旋转的转子、上顶栓、下顶栓、测温系统、加热和冷却系统、排气系统、安全装置、排料装置和记录装置组成。转子的表面有螺旋状突棱，突棱的数目有二棱、四棱、六棱等，转子的断面几何形状有三角形、圆筒形或椭圆形三种，有切向式和啮合式两类。测温系统是由热电偶组成，主要用来测定混炼过程中密炼室内温度的变化；加热和冷却系统主要是为了控制转子和混炼室内腔壁表面的温度。

密炼机工作时，两转子相对回转，将来自加料口的物料夹住带入辊缝受到转子的挤压和剪切，穿过辊缝后碰到下顶栓尖棱被分成两部分，分别沿前后室壁与转子之间缝隙再回到辊隙上方。

在绕转子流动的一周中，物料处处受到剪切和摩擦作用，使胶料的温度急剧上升，黏度降低，增加了橡胶在配合剂表面的湿润性，使橡胶与配合剂表面充分接触。配合剂团块随胶料一起通过转子与转子间隙、转子与上、下顶栓、密炼室内壁的间隙，受到剪切而破碎，被拉伸变形的橡胶包围，稳定在破碎状态。

同时，转子上的凸棱使胶料沿转子的轴向运动，起到搅拌混合作用，使配合剂在胶料中混合均匀。配合剂如此反复剪切破碎，胶料反复产生变形和恢复变形，转子凸棱的不断搅拌，使配合剂在胶料中分散均匀，并达到一定的分散度。由于密炼机混炼时胶料受到的剪切作用比开炼机大得多，炼胶温度高，使得密炼机炼胶的效率大大高于开炼机。

主要参数：转子的转速与速比；转子棱比与密炼室内壁缝隙；生产能力与填充系数；上顶栓对胶料的单位压力；功率。

三、实验设备和材料

1.实验设备
密炼机，如图4-4-1所示。
2.材料
炭黑，橡胶，硫化剂，防老剂，电子天平，牛皮纸，铲子。

四、实验步骤

图4-4-1　橡胶密炼机

1.密炼机空运转试验前的准备工作
（1）密炼机空运转试验必须在基础完全干涸后方可进行。
（2）检查密炼机各部位有无异物，各连接件和紧固件有无松懈。
（3）检查密炼机各润滑管路，液压管路连接是否正确，所用润滑和液压用油量是否合适，油位是否恰当，润滑部位润滑是否到位。
（4）密炼机附属设备在空运转前需进行单独的检查试验，以验证其性能是否达到规定要求。
（5）检查密炼机各电气设备与液压系统和气控系统等的配合是否准确无误。

（6）在密炼机连接联轴器之前，先将主电机空转20min，无异常后，再将联轴器装好，并安装防护罩。

（7）在密炼机主减速器高速轴端或在联轴器处，用人工盘动传动系统，使转子转动两周，确认无异常现象。

2. 密炼机操作方法

（1）按照密炼机密炼室的容量和合适的填充系数（0.6~0.7），计算一次炼胶量和实际配方。

（2）根据实际配方，准确称量配方中各种原材料的用量，将生胶、小料（ZnO、SA、促进剂、防老剂、固体软化剂等）、补强剂或填充剂、液体软化剂、硫黄分别放置，在置物架上按顺序排好。

（3）打开密炼机电源开关及加热开关，给密炼机预热，同时检查风压、水压、电压是否符合工艺要求，检查测温系统、计时装置、功率系统指示和记录是否正常。

（4）密炼机预热好后，稳定一段时间，准备炼胶。

（5）提起上顶栓，将已切成小块的生胶从加料口投入密炼机，落下上顶栓，炼胶1min。

（6）提起上顶栓，加入小料，落下上顶栓混炼1.5min。

（7）提起上顶栓，加入炭黑或填料，落下上顶栓混炼3min。

（8）提起上顶栓，加入液体软化剂，落下上顶栓混炼1.5min。

（9）排胶，用热电偶温度计测胶料的温度，记录密炼室初始温度、混炼结束时密炼室温度及排胶温度，最大功率、转子的转速。

（10）将开炼机的辊距调到3.8mm，打开电源开关，使开炼机运转，打开循环水阀门，再将从密炼机排出的胶料投到开炼机上包辊，待胶料温度降到110℃以下，加入硫黄，左右割刀各两次，待硫黄全被吃进去，胶料表面比较光滑，割下胶料。

（11）将开炼机辊距调到0.5mm，投入胶料薄通，打三角包，薄通5遍，将辊距调到2.4mm左右，投入胶料包辊，待表面光滑无气泡，下片，称量胶料的总质量，放在平整、洁净金属表面上冷却至室温，贴上标签注明胶料配方编号和混炼日期，停放待用。

五、实验注意事项

（1）在低温情况下，为防止管路冻坏，需将冷却水从机器各冷却管路内排出，并用压缩空气将冷却水管路喷吹干净。

（2）按负载试运转时炼最后一车料时的要求停机。主电机停机后，关闭润滑电机和液压电机，切断电源，再关闭气源和冷却水源。

（3）当密炼机在混炼过程中因故临时停车时，在故障排除后，必须将密炼室内胶料排出后方可启动主电机。

（4）密炼室的加料量不得超过设计能力，满负荷运转的电流一般不超过额定电流，瞬间过载电流一般为额定电流的1.2~1.5倍，过载时间不大于10s。

（5）开始混炼实验时，可先混炼一个与试验胶料配方相同的胶料调整密炼机的工作状态，再正式混炼；对同一批混炼胶料，密炼机的控制条件和混炼时间应保持相同。

六、实验结果记录与讨论

记录开始混炼时温度、混炼时间、转子转速、上顶栓压力、排胶温度、功率消耗、混炼胶质量与原材料总质量的差值和密炼机类型。

七、实验思考题

（1）影响密炼机混炼效果的因素有哪些？
（2）在混炼过程中，延长混炼时间对胶料有何影响？

实验五　高分子材料拉伸性能实验

（实验学时：4h）

一、实验目的

（1）了解高分子材料的拉伸强度、模量及断裂伸长率的意义和测试方法。
（2）通过应力—应变曲线，判断不同高分子材料的性能特征。
（3）熟练掌握力学拉伸机的操作方法。

二、实验原理

拉伸强度是用规定的实验温度、湿度和作用力速度，在试样的两端以拉力将试样拉至断裂时所需的负荷力，同时可得到断裂伸长率和拉伸弹性模量。

将试样夹持在专用夹具上，对试样施加静态拉伸负荷，通过压力传感器、形变测量装置以及计算机处理，测绘出试样在拉伸变形过程中的拉伸应力—应变曲线，计算出曲线上的特征点，如试样直至断裂为止所承受的最大拉伸应力（拉伸强度）、试样断裂时的拉伸应力（拉伸断裂应力）、在拉伸应力—应变曲线上屈服点处的应力（拉伸屈服应力）和试样断裂时标线间距离的增加量与初始标距之比（断裂伸长率，以百分数表示）。通过拉伸实验，我们可以比较不同的塑料材料，判断哪些属于韧性材料，以及比较他们韧性的大小。万能材料试验机实验是常用的测定拉伸强度的实验仪器，它所测的拉伸强度数据是指试样断裂/或指定伸长率时单位面积上所消耗的能量。

材料拉伸时产生的伸长占原来长度的百分率称为伸长率。材料拉伸至断裂时的伸长率称为断裂伸长率，它表示材料承受拉伸变形的能力。

材料的弹性模量也称"初始模量"，它是指材料拉伸曲线上开始一段直线部分的应力—应变比值。在实际计算中，一般可取负荷伸长曲线上伸长率为1%时的一点来求得材料的弹性模量。

进行拉伸性能测试要首先要制备拉伸样条，拉伸样条一般为哑铃型样条，测试标准GB/T 1040，标准的拉伸样条及相关尺寸如图4-5-1所示，Ⅰ型试样尺寸公差要求见表4-5-1。

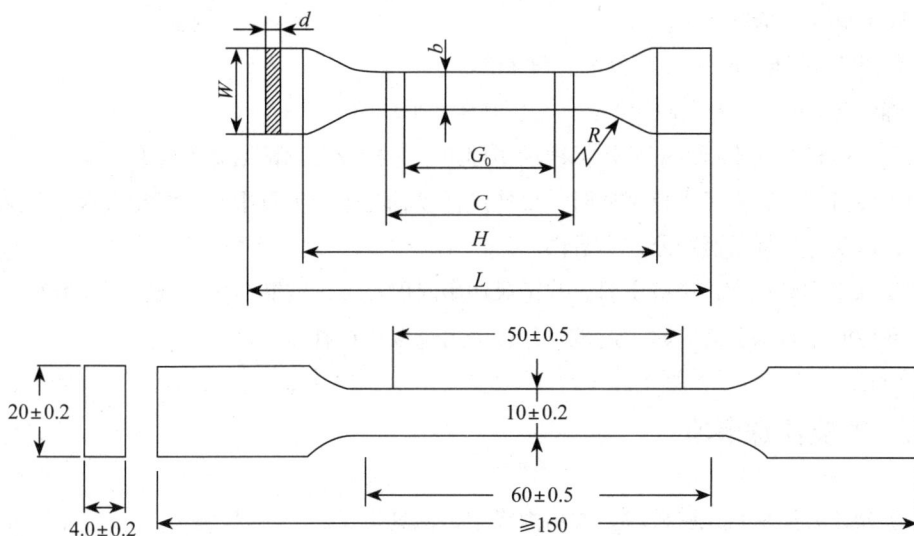

图4-5-1　GB 1040标准的拉伸样条及相关尺寸

表4-5-1　Ⅰ型试样尺寸公差要求

符号	名称	尺寸/mm	公差/mm	符号	名称	尺寸/mm	公差/mm
L	总长度（最小）	150	—	W	端部宽度	20	±0.2
H	夹具间距离	115	±5.0	d	厚度	4	—
C	中间平行部分长度	60	±0.5	b	中间平行部分宽度	10	±0.2
G_0	标距（或有效部分）	50	±0.5	R	半径（最小）	60	—

三、实验设备和材料

1.实验设备

万能材料试验机一台（图4-5-2），游标卡尺一把。

2.材料

用注塑机注塑好的 PP、PE 或 PP/PE 共混材料的样条。本实验用测试标准：ASTM D638。

四、实验步骤

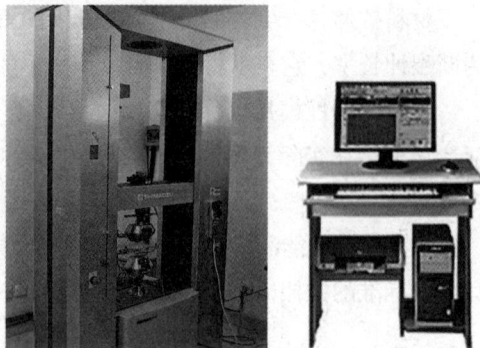

图4-5-2　万能材料试验机

（1）实验环境：温度23℃，相对湿度50%，气压86～106kPa。

（2）测量试样中间平行部分的宽度和厚度，精确到0.01mm，每个试样测量三点，取算术平均值。

（3）在试样中间平行的部分作标线示明标距，此标线对测试结果不应有影响。

（4）夹持试样，夹具夹持试样时，要使试样纵轴与上下夹具中心连线相重合，并且要松紧适宜，以防止试样滑脱或断在夹具内。

（5）选定实验速度，进行实验。并记录屈服时的负荷，或断裂负荷及标距间伸长，若试样断裂在中间平行部分之外时，此试样作废，另选取试样补做。

五、实验注意事项

（1）操作万能材料试验机时，要精力集中，认真负责。

（2）实验时注意避免样条碎块伤人。每一试样测试完成后及时停止，避免超过量程，损害仪器。

六、实验结果与数据处理

（1）拉伸强度或拉伸断裂应力或拉伸屈服应力或偏离屈服应力 σ_t 按式（1）进行计算：

$$\sigma_t = \frac{p}{bd} \tag{1}$$

式中：σ_t 为拉伸强度或拉伸断裂应力或拉伸屈服应力或偏离屈服应力（MPa）；p 为最大负荷或断裂负荷或屈服负荷或偏离屈服负荷（N）；b 为试样宽度（mm）；d 为试样厚度（mm）。

（2）模量：拉伸模量（即弹性模量）通常由拉伸初始阶段的应力与应变比例计算：

$$E = \frac{\Delta P / bd}{\Delta l / l_0} \tag{2}$$

（3）断裂伸长率 ε_t 按式（3）计算：

$$\varepsilon_t = \frac{G - G_0}{G_0} \times 100\% \tag{3}$$

式中：ε_t为断裂伸长率（%）；G_0为试样原始标距（mm）；G为试样断裂时标线间距（mm）。

七、实验思考题

（1）如何用根据应力—应变曲线来判断材料的适应性能？
（2）拉伸速度对测试结果何影响？

实验六　高分子材料冲击性能实验

（实验学时：4h）

一、实验目的

（1）了解高分子材料的冲击性能。
（2）掌握冲击强度的测试方法和摆锤式冲击试验机的使用。

二、实验原理

冲击强度是衡量材料韧性的一种强度指标，表征材料抵抗冲击载荷破坏的能力。通常定义为试样受冲击载荷而折断时单位面积所吸收的能量。

$$\alpha=\left[A/(bd)\right]\times10^3 \tag{1}$$

式中：α为冲击强度（J/cm²）；A为冲断试样所消耗的功（J）；b为试样宽度（mm）；d为试样厚度（mm）。

冲击强度的测试方法很多，应用较广的有以下3种测试方法：摆锤式冲击试验；落球法冲击试验；高速拉伸试验。

本实验采用摆锤式冲击试验法。摆锤冲击试验，是将标准试样放在冲击机规定的位置上，然后让重锤自由落下冲击试样，测量摆锤冲断试样所消耗的功，根据上述公式计算试样的冲击强度。摆锤冲击试验机的基本构造有3部分：机架部分、摆锤冲击部分和指示系统部分。根据试样的安放方式，摆锤式冲击试验又分为简支梁型（Charpy法）和悬臂梁型。前者试样两端固定，摆锤冲击试样的中部；后者试样一端固定，摆锤冲击自由端（图4-6-1）。

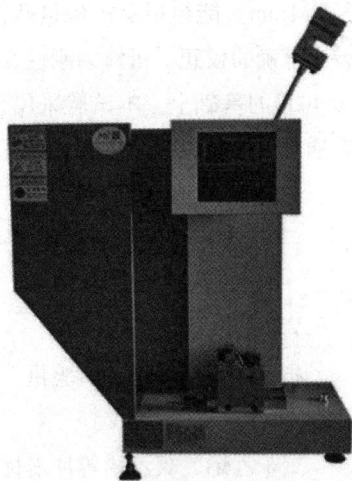

图4-6-1　ZY-3002简支梁冲击试验机

131

试样可采用带缺口和无缺口两种。采用带缺口试样的目的是使缺口处试样的截面积大为减小，受冲击时，试样断裂一定发生在这一薄弱处，所有的冲击能量都能在这局部的地方被吸收，从而提高试验的准确性。

测定时的温度对冲击强度有很大影响。温度越高，分子链运动的松弛过程进行越快，冲击强度越高。相反，当温度低于脆化温度时，几乎所有的塑料都会失去抗冲击的能力。当然，结构不同的各种聚合物，其冲击强度对温度的依赖性也各不相同。湿度对有些塑料的冲击强度也有很大影响。如尼龙类塑料，特别是尼龙6、尼龙66等在湿度较大时，其冲击强度更主要表现为韧性的大大增加，在绝干状态下几乎完全丧失冲击韧性。这是因为水分在尼龙中起着增塑剂和润滑剂的作用。

试样尺寸和缺口的大小和形状对测试结果也有影响。用同一种配方，同一种成型条件而厚度不同的塑料作冲击试验时，会发现不同厚度的试样在同一跨度上作冲击试验，以及相同厚度在不同跨度上试验，其所得的冲击强度均不相同，且都不能进行比较和换算。而只有用相同厚度的试样在同一跨度上试验，其结果才能相互比较，因此在标准试验方法中规定了材料的厚度和跨度。缺口半径越小，即缺口越尖锐，则应力越易集中，冲击强度就越低。因此，同一种试样，加工的缺口尺寸和形状不同，所测的冲击强度数据也不一样。这在比较强度数据时应该注意。

试验机应为摆锤式，并由摆锤、试样支座、能量指示机构和机体等主要构件组成，能指示试样破坏过程中所吸收的冲击能量。摆体是试验机的核心部分，它包括旋转轴、摆杆、摆锤和冲击刀刃等部件。旋转轴心到摆锤打击中心的距离与旋转轴心至试样中心距离应一致。两者之差不应超过后者的 ±1%。冲击刀刃规定夹角为30° ±1°。端部圆弧半径为2.0mm ±0.5mm。摆锤下摆时，刀刃通过两支座间的中央偏差不得超过 ±0.2mm，刀刃应与试样的冲击面接触。接触线应与试样长轴线相垂直，偏差不超过 ±2°。支撑试样的为两块安装牢固的支撑块，能使试样成水平，其偏差在1/20以内。在冲击瞬间应能使试样打击面平行于摆锤冲击刀刃，其偏差在1/200以内。支撑刃前角为5°，后角为10° ±1°，端部圆弧半径为1mm。能量指示机构包括指示度盘和指针。应对能量度盘的摩擦、风阻损失和示值误差做准确的校正。机体为刚性良好的金属框架，并牢固地固定在质量至少为所用最重摆锤质量40倍的基础上。本试验采用带缺口试样。试样表面应平整、无气泡、裂纹、分层和明显杂质。试样缺口处应无毛刺。

三、实验设备和材料

1. 实验设备
指针式塑料摆锤冲试验机。

2. 材料
聚苯乙烯，聚乙烯等冲击标准试样。

四、实验步骤

（1）测量试样中部的宽度和厚度，准确至0.02mm。缺口试样应测量缺口处的剩余厚度，测量时应在缺口两端各测一次，取其算术平均值。

（2）根据试样破坏时所需的能量选择摆锤，使消耗的能量在摆锤总能量的10%~85%范围内。注：若符合这一能量范围的不止一个摆锤时，应该用最大能量的摆锤。

（3）调节能量度盘指针零点，使它在摆锤处于起始位置时与主动针接触。进行空击试验，保证总摩擦损失不超过相应的数值。

（4）抬起并锁住摆锤，把试样按规定放置在两支撑块上，试样支撑面紧贴在支撑块上，使冲击刀刃对准试样中心，缺口试样刀刃对准缺口背向的中心位置。

（5）平稳释放摆锤，从刻度盘上读取试样吸收的冲击能量。

（6）试样无破坏的冲击值应不作取值。试样完全破坏或部分破坏的可以取值。

（7）如果同种材料可以观察到一种以上的破坏类型，须在报告中标明每种破坏类型的平均冲击值和试样破坏的百分数。不同破坏类型的结果不能进行比较。

五、实验注意事项

（1）试验过程中注意安全。在做空击和冲击试验过程中，其他人应远离冲击试验机。

（2）试样冲断后应及时捡回并观察断裂情况是否符合要求。

（3）试样无破坏的冲击值应不作取值。试样完全破坏或部分破坏的可以取值。

六、实验结果及数据处理

缺口试样简支梁冲击强度 a_k（kJ/m²），按下式计算：

$$a_k = \frac{A}{b \times d} \times 10^3 \qquad (2)$$

式中：A 为缺口试样吸收的冲击能量（J）；b 为试样宽度（mm）；d 为缺口试样缺口处剩余厚度（mm）。

七、实验思考题

（1）影响高分子材料冲击强度测试值的因素有哪些？

（2）高分子材料冲击强度测试方法有哪些，各有什么不同？

实验七　高分子材料的磨耗实验

（实验学时：4h）

一、实验目的

（1）了解阿克隆磨耗机的工作原理。

（2）掌握橡胶耐磨性能的工作原理。

二、实验原理

橡胶制品的磨耗是一种普通常见的现象，橡胶制品耐磨性能的优劣在很大程度上决定着产品的使用寿命，因而是一项重要的技术指标。

归纳磨耗的产生通常有下列两种情况：

（1）橡胶与橡胶或同其他物体产生滑移时，两物体在接触表面上有不同程度的磨损。

（2）橡胶和砂粒等各种坚硬粒子的冲击作用，在橡胶表面上产生磨损。

根据以上情况，国际上曾先后设计出阿克隆、格拉希里、邵坡尔、皮克等多种型号磨耗试验机。一般是用规定条件下试样同摩擦面积接触，以被磨下的颗粒的质量或体积来表示测试结果。阿克隆磨耗机是早期应用且现今最为广泛使用的试验机之一，其结构简单，操作方便，价格低廉，我国现行的橡胶制品技术标准中的耐磨性指标即以该仪器决定。

橡胶制品在实际使用过程中，其磨耗往往伴随拉伸、压缩、剪切、生热、老化等复杂现象，故上述各种室内磨耗实验与实际磨耗存在一定的差距，其相关性有一定局限性，但这些测试仍能判别橡胶耐磨性能的好坏或对同一胶料的耐磨程度进行相对比较。

本实验是将试样与砂轮在一定倾斜角度和一定的负荷作用下进行摩擦，测量试样在一定里程内的磨损体积。

三、实验设备及试样

1. 实验设备

阿克隆磨耗试验机，胶轮轴回转速度为 (76 ± 2)r/min，砂轮轴回转速度为 (34 ± 2)r/min，胶轮轴与砂轮轴的夹角为 $0°$ 时，两轴应保持平行和水平，在负荷托架上加上实验用重砝，使试样承受负荷为 (26.7 ± 0.2)N，一般情况下，胶轮轴与砂轮轴的夹角为 $15° \pm 0.5°$，当试样行使 1.61km 的磨耗体积小于 0.1cm³ 时，可以采用 $25° \pm 0.5°$ 倾角，但应在实验报告中注明。试样夹板直径为 56mm，工作面厚度为 12mm。实验用砂轮的尺寸为直径 150mm，中心孔直径 32mm，厚度 25mm，磨料为氧化铝，粒度为 36 号，黏合剂为陶土，硬度为中硬。

2. 试样

（1）试样的制备：将半成品胶料的试样用专用的模具硫化为条状，长为 $\pi(D+2h)=$ 0~5mm，宽为 (12.7 ± 0.2)mm，厚为 (320 ± 0.2)mm，其表面应平整，不应有裂痕杂质等现象。（D 为胶轮直径，h 为试样厚度，π 为圆周率）。

（2）胶轮直径为 68~69mm，厚度为 (12.7 ± 0.02)mm，硬度为 75~80 度（邵尔 A），中心孔直径应符合胶轮回转轴的直径。

四、实验步骤

（1）硫化完毕的试样，按规定时间停放后，将其两面用砂轮打磨出均匀的粗糙面之后，消除胶屑，用胶水粘贴于胶轮上（粘贴时试样不应受到张力）。适当放置一段时间，使之粘贴牢固。

（2）将粘贴好试样的胶轮固定于试验机的回转轴上，开动电机，使胶轮按顺时针方向旋转。

（3）试样预磨 15~20min 后取下，清除胶屑，用天平称量，精确到 0.001g。

（4）将试样胶轮固定于回转轴上进行实验，实验室里程为 1.61km（3415 转）。实验完毕后取下试样，刷去胶屑，在 1h 内称量，精确到 0.001kg。

（5）按 GB/T 533 测定试样的密度。

五、实验注意事项

（1）注意试样同砂轮的倾斜角度及在砂轮上所施加的负荷量。

（2）条状试样的长度应适宜，以保证粘贴时不承受张力，如试样过短，则内应力大，将导致磨损量增加。

六、实验数据处理

实验结果可用绝对磨耗值和磨耗指数两种方法表示。

计算试样的磨损体积：

$$V=(g_1-g_2)/\rho \tag{1}$$

式中：g_1 为试样在实验前的质量（g）；g_2 为试样在实验后的质量（g）；ρ 为试样的密度（g/cm³）。

计算试样的磨耗指数：

$$磨耗指数 =(V_s/V_t)\times100\% \tag{2}$$

式中：V_s 为标准配方的磨损体积；V_t 为实验配方在相同里程中的磨损体积。

注：试样数量应不少于两个，以算术平均值表示实验结果，允许偏差为 ±10%。磨损指数越大，表示耐磨性越好，以该值表示实验结果。同一磨损体积表示实验结果有以下优点。

（1）对于使用周期较长的磨损面，可以采取措施减少其因长期使用导致摩擦面切割力降低，从而对实验结果造成影响。

（2）可减少由于更换摩擦面后其切割力的变化所带来的影响。

（3）可提高同一类型磨耗试验机在不同机器及不同实验室所得结果的可比性。

（4）对于不同类型的磨耗试验机所得结果也可以比较参考。

七、实验思考题

（1）影响实验测量结果的因素有哪些？

（2）胶轮轴与砂轮轴的夹角通常情况下是多少？在什么情况下需要调整？

实验八　聚丙烯纤维成型实验

（实验学时：8h）

一、实验目的

（1）了解和掌握切片熔融纺丝的工艺路线和基本方法，通过熟悉并掌握常规纤维的成型条件和工艺参数。

（2）了解熔融纺丝及牵伸设备的结构和各种部件的作用。

二、实验原理

合成纤维的成形普遍采用高聚物的熔体或浓溶液进行纺丝，前者称为熔体纺丝，后者称为溶液纺丝。本实验采用切片纺丝的方法，将聚合物熔体经过铸带、切粒等工序制成"切片"，然后在纺丝机上重新熔融成熔体并进行纺丝。整个熔体纺丝过程包括纺丝熔体的制备，熔体自喷丝孔挤出，熔体细流拉长变细，冷却固化，丝条的上油和卷绕。

在切片熔融阶段，切片受热后结晶破坏，使其有一定结晶度的固体状态转变为均匀的黏流态，这是物理变化。在冷却成形阶段聚合体发生的主要是物理变化。熔融后的聚合体在一定的压力下通过喷丝孔，形成熔体细流（图4-8-1、图4-8-2）。熔体细流刚离开喷丝板时，由于熔体的弹性效应而出现膨胀现象，使熔体直径逐渐扩大，在纺程上细流受到卷绕拉力的作用，这时纤维直径急剧变细，同时丝条运动速度逐步加快。又由于空气冷却的作用，使聚合体温度下降，黏度增高，速度增加减慢，直径变化较小，再往下聚合体凝固并逐渐冷却至玻璃化温度以下，进入玻璃态，纤维固化，又由于固化后的纤维干燥而松散，以及纤维与设备，纤维与纤维之间相互摩擦产生静电，导致毛丝，给后加工带来困难，因此需经过给湿上油，增加纤维间抱合力，抗静电，使纤维变得柔软、平滑并获得良好的手感及弹性。

图4-8-1　喷丝板

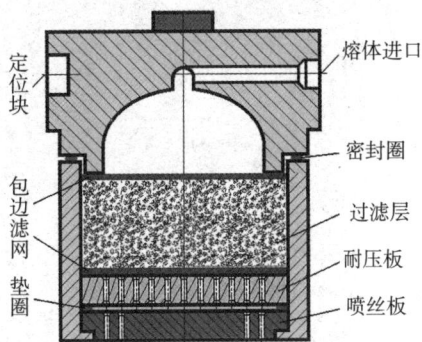

图4-8-2　喷丝头组件

　　熔体纺丝过程的参数：指对纺丝过程的进行以及卷绕丝结构和性质起主导作用的参数。这类参数有：成纤高聚物的种类；挤出温度；喷丝孔直径；喷丝孔长度；纺丝线的单纤维根数；质量流量；纺丝线长度，卷绕速度；冷却条件。工程上熔体纺丝法工艺流程如图4-8-3所示。

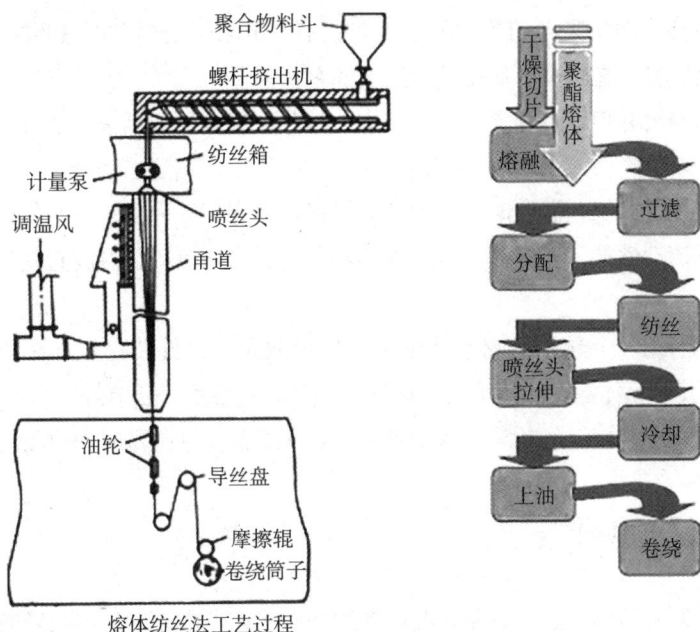

熔体纺丝法工艺过程

图4-8-3　工程上熔体纺丝法工艺流程

三、实验设备和原料

　　熔融纺丝机（本实验用定制实验仪器微型纺丝机，图4-8-4），真空干燥箱，聚丙烯母料。

（a）微型纺丝机

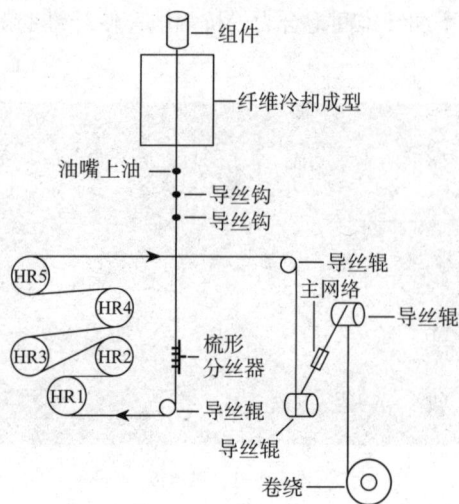
（b）结构示意图

图4-8-4　XL-21型微型纺丝机及结构示意图

四、实验步骤

1. 纤维纺制前准备

①喷丝头组件清洗（煅烧+超声波），组件组装并放入保温炉中预热调配油剂。

②根据成品纤度工艺计算，确定纺丝速度和泵供量。

③设定纺丝温度并使设备升温及箱体压力，打开冷却吹风，调整合适的风速。

2. 纤维纺丝

①当设备温度达到工艺温度时，开螺杆并投料，当螺杆压力显示一定值时，开计量泵。

②观察熔体流动性能，若熔体流动性能不好，应适当调节各区温度直到熔体流线呈连续稳定性为止。

③喷丝板组件装入箱体后，必须严密紧固以免漏浆，组件装完后，在加热状态下保温10min左右，使其与箱体温度保持平衡，在这期间开启卷绕机，调节好油盘及卷绕速度。

④开启计量泵和螺杆，丝条从喷丝板喷出后若无漏浆、柱头丝时即可卷绕。

五、实验注意事项

头和手不得伸入箱体下面，以免高温熔体灼伤。工艺参数设定后不得随意拨动仪表和开关，以免发生事故。注意人身安全，禁止长发同学进入纺丝、牵伸现场。

六、实验结果及数据处理

记录实验过程的纺丝温度、卷绕速度、牵引比、螺杆挤出速度等实验数据。

七、实验思考题

（1）纺丝箱体有哪些作用？

（2）纺丝组件的作用是什么，包括哪几部分？

（3）影响纤维纤度、拉伸性能的因素有哪些？如何影响？

实验九 塑料成型工艺实验

（实验学时：8h）

一、实验目的

（1）掌握塑料成型工艺的实验参数设计。

（2）掌握塑料成型过程中各种设备的使用方法。

（3）掌握塑料的性能测试方法。

二、实验原理

在塑料成型工艺过程中首先要进行配方设计，包括增塑剂、防老剂、润滑剂等的用量，然后是加工工艺参数的设计。包括高混机的混合时间、双螺杆挤出机的各段温度的设计、螺杆的挤出速率等，制造出母粒后，在进行注塑成型过程中，各段温度的设计、压力的设计等，最后测试力学性能，探讨各种参数对塑料制品的性能影响。

1.高速混合机混合实验

高速混合机的关键部件是搅拌桨，不同的搅拌桨适用于不同的混合体系。搅拌桨高速旋转使物料沿桨页切向运动，在离心力作用下，被抛向锅壁，并且沿壁面上升，上升的物料一方面在重力的作用下又回落桨页中心，另一部分物料撞向锅盖后落下，接着又被抛起，这种上升运动和切向运动相结合，使物料相互碰撞、交叉混合；同时物料和桨叶、内壁以及物料之间相互碰撞摩擦，使温度快速上升。另外，折流板更搅乱了料流，使之形成无规则运动，并在折流板附近形成很强的涡流，促进物料进一步分散和混合。

2.双螺杆挤出造粒实验

在挤出过程中，物料通过料斗进入挤出机的料筒内，挤出机螺杆以固定的转速拖曳料筒内物料向前输送。通常，根据物料在料筒内的变化情况，将整个挤出过程分成三个阶段。在料筒加料段，在旋转着的螺杆作用下，物料通过料筒内壁和螺杆表面的摩擦作用向前输送和压实。物料在加料段内呈固态向前输送。物料进入压缩段后由于螺杆螺槽逐渐变浅，以及靠近机头端滤网、分流板和机头的阻力而使所受的压力逐渐升高，进一步被压实；同时，在料筒外加热和螺杆、料筒对物料的混合、剪切作用所产生的内摩擦热的作用下，塑料逐渐升温至黏流温度，开始熔融，大约在压缩段处全部物料熔融为黏流态并形成很高的压力。物料进入均化段后将进一步塑化和均化，最后螺杆将物料定量、定压地挤入机头。机头中口模是成型部件，物料通过它便获得一定截面的几何形状和尺寸，再通过冷却定型、切断等工序就得到母粒。

3.注塑成型实验

本实验采用螺杆型的注射成型机，使得聚乙烯和聚丙烯的共混物在剪切力、挤压力的作用下充模成型。热塑性塑料具有受热软化和在外力作用下流动的特点，当冷却后又能转变为固态，而塑料的原有性能不发生本质变化，注射成型正是利用塑料的这一特性，是热塑性塑料成型制品的一种重要方法，塑料在注射料筒中经外加热，螺杆对物料和物料之间的摩擦生热使塑料熔化呈流动状后，在螺杆的高压、高速作用推动下，塑料熔体通过喷嘴注入温度较低的封闭模具型腔中，经冷却定型成为所需的制品。在注塑成型过程中，温度、压力、速率对制品都有直接的影响。

（1）温度。

①料筒温度。料筒温度是关键的工艺参数之一，料筒温度高，则流动性好，充模容易，但易溢料、溢边、易分解、易产生内应力，收缩率加大，易产生凹陷等；熔料温度偏低，则充模困难，易产生成型不足、熔接痕、冷块等。在试模时，首先根据所用材料查有关手册，按推荐的温度中的较低值来加热料筒，各段料温的配置，一般都是从进料段到出料段依次递升，使物料在料筒内逐步塑化。判别料筒和喷嘴温度是否合适的方法是在低压低速下按［射胶］键对空注射，适宜的料温刚劲有力，不带泡，不卷曲，光亮，连续；以后还可能要根据制品质量再进行调整。

②喷嘴温度。喷嘴温度一般低于料筒前端温度，这是因为高的喷嘴温度易发生流涎现象。

③模具温度。模具温度调节是采用加热或冷却方式来实现的，它的作用是能改善成型条件、稳定制品的形位尺寸精度、改善制品机械和物理性能、能提高制品表面质量等。在试模时，应根据所加工的塑料及加工工艺条件，合理地进行调节，一般来说，在保证充模和制品质量的前提下，应选取较低的模具温度，以便缩短成型周期，提高生产效率。

（2）压力。

①锁模力。调节锁模力时，要按实际需要的最低锁模力调节；一般是从小到大调节，以满足正常工艺条件下不产生溢料为准，这样不但可以节省功率，而且可确保或延长机器使用寿命。锁模力大小的调节方法：打开模具；用［调模进］键，调小模板开距0.5～1mm，再合模以得到锁模力（这时机铰必须是伸直的），试观合模后的受力情况；重复这些动作几次，使锁模力逐步升高，直至产生足够的锁模力（产品无飞边为佳）为止，最终调定应在试模时进行。

②注射压力。在注射成型时，选取注射压力是十分重要的，它与塑料性能、塑化能力、塑化温度、流动阻力、制品形状及制品精度等因素有关。注射压力过高，制品可能产生飞

边，脱模困难，影响制品的表观质量，会引起制品较大的内应力，甚至成为废品，同时会影响机器的使用寿命；注射压力过低，则会造成熔料难以充满模腔，甚至不能成型等现象。

③保压压力。在实际进行注塑压力调节时，首先，让螺杆射料直至模腔填满塑料，这时记录螺杆停止的位置及制件所需的熔料量，再将保压射料的启动位置调至在离注射终点的15%处，也就是说用注射压力将熔料充满模腔85%体积后，则进入保压阶段；保压压力及速度的大小通常是塑料充填模腔时最高压力及速度的50%~65%。

④背压。在螺杆转速一定的情况下，增加背压会提高熔料的温度及均匀性，有利于熔料中的气体排出及颜色的均匀，但会减小塑化速率，甚至会延长模塑周期。背压的大小是通过注塑机液压系统中的某一溢流阀来调整的。

（3）速度（或时间）。

①注射速度。注射速度的快慢，直接影响到制品质量和生产效率。注射速度慢，注射时间长，制品易产生冷接缝、密度不均、制品内应力大等弊病；但注射速度过高，熔料离开喷嘴后会产生不规则流动，产生大的剪切热常常烧焦物料。

②螺杆转速。螺杆转速即反应塑化速度，塑化是与冷却同时进行的，而塑化时间一般小于冷却时间，因此，在能保证提供塑化均匀的熔料注射量基础上，没有必要追求高的塑化能力。

③保压时间。保压时间短，则制品有可能不紧密，易产生凹痕，尺寸不稳定等；保压时间长，有可能会加大制品的内应力，产生变形、开裂、脱模困难等。保压时间的设定是根据经验确定的，在试运转结果表明已生产出合格制件之后再进行调整。

④冷却时间。冷却时间主要决定于制品的厚度，塑料的热性能和结晶性能，以及模具温度等。冷却时间的确定应以保证制品脱模时不引起变形为原则，冷却时间过长没有必要，不仅降低生产效率，对复杂制件还将造成脱模困难，强行脱模时甚至会产生脱模应力。

4.力学性能测试

将试样夹持在专用夹具上，对试样施加静态拉伸负荷，通过压力传感器、形变测量装置以及计算机处理，测绘出试样在拉伸变形过程中的拉伸应力—应变曲线，计算出曲线上的特征点，如试样直至断裂为止所承受的最大拉伸应力（拉伸强度）、试样断裂时的拉伸应力（拉伸断裂应力）、在拉伸应力—应变曲线上屈服点处的应力（拉伸屈服应力）和试样断裂时标线间距离的增加量与初始标距之比（断裂伸长率，以百分数表示）。通过拉伸实验，可以比较不同的塑料材料，哪些是属于韧性的，以及韧性的大小。万能材料试验机实验是常用的测定拉伸强度的实验仪器，它所测的拉伸强度数据是指试样断裂/或指定伸长率时单位面积上所消耗的能量。

三、实验设备和材料

1.实验设备

高速混合机，双螺杆挤出机，注塑成型机，力学实验机。

2. 材料

PP，PE，增塑剂，抗氧剂，润滑剂，牛皮纸，模具。

四、实验步骤

（1）查阅文献、设计实验配方和成型工艺参数。
（2）称量各种组分后在高混机中进行混合，混合好后取出。
（3）混合好后的样品在双螺杆挤出机中进行挤出，造粒。
（4）造粒好的母粒，在注塑机中进行注塑成型。
（5）注塑成型后的样条进行力学性能测试。
（6）实验完毕，检查各种仪器是否清理干净，电源是否切断。

五、实验注意事项

（1）操作时注意安全，严防烫伤、压伤。
（2）螺杆挤出机和注塑成型机都要等温度达到设置温度后，才能进行操作。

六、实验结果及数据处理

记录实验过程的共混时间、螺杆挤出的各段温度、挤出速率、注塑成型的各段温度、各种压力、速率或时间等实验数据；记录力学性能实验结果并对其进行分析。

七、思考题

（1）探讨成型工艺参数对制品性能的影响？
（2）低速档与高速档混合效果的区别及其原因？
（3）塑料制品的拉伸性能与哪些因素有关？

实验十　橡胶成型工艺实验

（实验学时：8h）

一、实验目的

（1）掌握橡胶成型的设备操作。

（2）掌握橡胶成型工艺参数设计。

（3）掌握橡胶性能的测试。

二、实验原理

橡胶成型与硫化的三大工艺参数是温度、时间和压力，其中硫化温度是对橡胶制品性能影响最大的参数，本实验主要探讨不同实验参数对橡胶制品性能的影响。

1. 硫化压力

硫化过程中对胶料施加压力的目的，在于使胶料在模腔内流动，充满沟槽（或花纹），防止出现气泡或缺胶现象；提高胶料的致密性；增强胶料与布层或金属的附着强度；有助于提高胶料的力学性能（如拉伸性能、耐磨、抗屈挠、耐老化等）。通常是根据混炼胶的可塑性、试样（产品）结构的具体情况来决定。如塑性大的，压力宜小些；厚度大、层数多、结构复杂的压力应大些。

2. 硫化温度

硫化温度直接影响着硫化反应速率和硫化的质量。根据范德霍夫方程式：

$$t_1 / t_2 = k^{\frac{T_2 - T_1}{10}}$$

式中：t_1 是温度为 T_1 时的硫化时间；t_2 是温度为 T_2 时的硫化时间；k 是硫化温度系数。

可以看出：当 $k=2$ 时，温度每升高 10℃，硫化时间就可减少一半，说明硫化温度对硫化速度的影响是十分明显的。也就是说提高硫化温度就可加快硫化速度，但是高温容易引起橡胶分子链裂解，从而产生硫化还原，导致物理力学性能下降，故硫化温度不宜过高。适宜的硫化温度要根据胶料配方而定，其中主要取决于橡胶的种类和硫化体系。

3. 硫化时间

硫化时间是由胶料配方和硫化温度来决定的。对于给定的胶料来说，在一定的硫化温度和压力条件下，有一个最适宜的硫化时间，时间过长、过短都会影响硫化胶的性能。

适宜硫化时间的选择可通过硫化仪测定。

三、实验仪器和材料

1. 实验仪器

双辊开炼机，平板硫化机，制样机，力学试验机，电子天平。

2. 实验材料

橡胶，抗氧剂，硫化剂，碳酸钙，牛皮纸，模具。

四、实验步骤

（1）设计实验配方，设计硫化温度、时间、压力等因素。

（2）根据实验配方称量好样品，开动开练机对样品进行一定时间的开练。

（3）收集混炼好的样品，放入清理干净的模具中，合上模具，放入预先加热好的热板上，根据设置的温度、时间、压力进行硫化。

（4）取出试样，清理模具。

（5）用标准样刀对样品进行切割成相应的样条。

（6）进行力学性能测试。

（7）实验完毕后，把仪器清理干净。

五、实验注意事项

（1）操作时注意安全，严防烫伤、压伤。

（2）在压制过程中，模具要放在热板中央位置。

（3）操作时先了解机器及急停方法。

六、实验结果及数据处理

记录实验过程的硫化温度、硫化压力、硫化时间等实验数据；记录力学性能实验结果并对其进行分析。

七、实验思考题

（1）探讨硫化温度、硫化压力、硫化时间对橡胶力学性能的影响？

（2）硫化剂的用量对橡胶制品的力学性能有何影响？

（3）橡胶制品的拉伸性能与哪些因素有关？

实验十一　3D 打印成型实验

（实验学时：4h）

一、实验目的

（1）学习并了解 3D 打印方法的原理。

（2）学会3D打印的方法并能制造出产品。

（3）学习3D打印软件的使用方法。

二、实验原理

3D打印技术是一种通过逐层添加制造三维物体的变革性的、数字化增材制造技术，它将信息、生物、材料、控制等技术融合渗透，将对未来制造业生产模式与人类生活方式产生重要影响。目前3D打印机主要采用两种技术，第一种是通过沉积原材料制造物体，第二种是通过黏合原材料制造物体。

第一种我们称之为"选择性逐层沉积"，这类打印机通过打印机注射、喷洒或挤压液体、胶体物或粉末状的原材料。家庭或办公室应用的通常是沉积型3D打印机，这是因为激光或工业热风枪相对来说容易产生危险。

第二种打印机是将原材料黏合在一起，它通常是利用激光或原材料中加入某种黏合剂来实现，这类打印机被称作"选择性黏合打印机"，其原理是利用热或光固化粉末或光敏聚合物。

3D打印机可以打印自己设计的模型，也可以打印通过逆向工程技术获得的物体模型，该技术的核心内容是根据测量数据建立实物或样件的数字化模型。零件的数字化是通过特定的测量设备和测量方法获取零件表面离散点的几何坐标数据，在这基础上进行复杂曲面的建模、评价、改进和制造。常见的测量技术主要有接触式测量和光学测量。这里主要介绍光学测量中的结构光处理法。

结构光处理法是将一定图案的光投影到物体表面上，从而增强物体表面各点之间的可区分性，降低图像点对匹配的难度，提高匹配算法的精度和可靠性。图4-11-1所示为3D打印技术的制造过程。

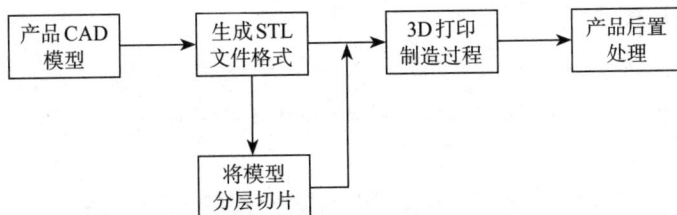

图4-11-1　3D打印技术的制造过程

一般来讲，用光学测量法对某个表面进行一次数据采集往往只需要数秒的时间，但是为了能够比较完整和准确地得到该表面测量数据，通常需要花费大量的时间用于确定测头位置和测量角度。因此，在测量之前或测量过程中，根据实物样件的结构特点制订测量方案，用尽可能少的测量次数获取满足模型重建所需的数据，不仅可以有效减少数据测量和预处理方案，而且在某种程度上可以提高测量数据的整体精度。

三、实验仪器

3D打印机（图4-11-2），PLA
树脂材料，台式电脑等。

四、实验过程

（1）实物表面喷涂。由于部分深
色零件表面对光的吸收能力强，因此

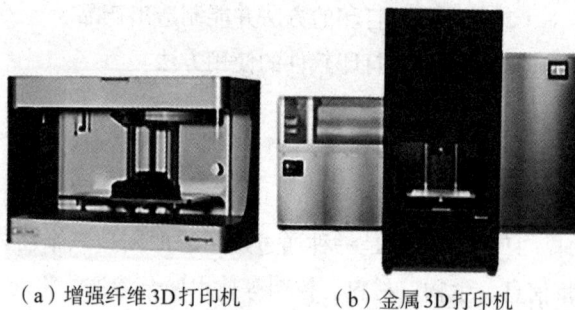

（a）增强纤维3D打印机　　（b）金属3D打印机

图4-11-2　3D打印机

不宜采用光学三角定理进行测量，为此要对这些零件进行表面白色喷涂处理。选择喷涂料时
需要保证图层在测量后易清洗（如选择工业探伤剂），在喷涂过程中尽可能使喷层薄而均匀，
既可以达到加强反光的效果，又不至于对测量精度造成很大的影响。

（2）由于一次测量的范围有限，而且大部分模型在测量时存在自身遮挡，无法一次完成
全方位几何外形的测量，往往需要通过多个角度测量，然后将各次测量的结果拼合到一个共
同的坐标系下，从而得到一个完整的数据模型，将模型导入打印软件，计算生成刀轨，开始
打印。等打印完成后将模型取出即完成整个3D打印过程。

五、实验注意事项

（1）保存耐压壳三维模型时，应注意保存格式。
（2）在输入加工参数时应仔细，以免漏输参数，给打印带来损失。
（3）打印工程中和刚打印结束时，应避免碰撞打印机内部的结构和打印件，以免烫伤。
（4）取出打印件内部的支撑物时，应小心，动作慢，避免破坏耐压壳。

六、实验结果

学生实验打印的一个简单的"模型"模型图如图4-11-3所示。

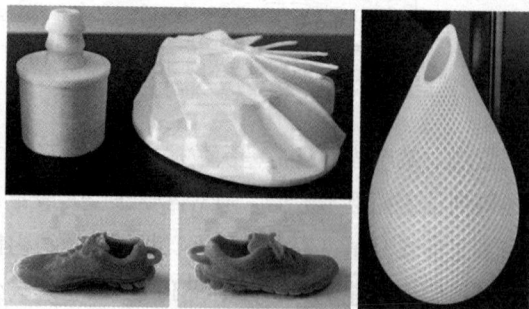

图4-11-3　3D打印的模型图

七、实验结果记录与讨论

实验结果记录于表4-11-1。

表4-11-1　实验结果记录表

数据		标准零件	自选零件
喷头预热时间/min			
平台预热时间/min			
零件尺寸/（长×宽×高）/mm			—
切层厚度/mm			
切层数量			
填充路径类型			
打印材料			
打印时间/min			
实际打印尺寸（长×宽×高）/mm			—
尺寸精度/mm	长度方向		—
	宽度		
	高度	IT9	

八、实验总结

通过实验和对聚合物成型工艺学课程的学习，对比现在传统的聚合物加工方式，3D打印具有以下优势：

（1）制造复杂产品不增加成本，产品多样化不增加成本；

（2）无须组装，零时间交付；

（3）零技能制造，不占空间，便携制造；

（4）减少废弃副产品，材料无限组合；

（5）精确地实体复制。

以上部分优势目前已得到证实，3D打印突破了历史悠久的传统熟悉制造方式的限制，为未来的创造提供帮助。

九、思考题

（1）FDM三维打印技术的成形原理是什么？

（2）分析影响FDM 3D打印精度的关键因素。

（3）分析影响FDM 3D打印效率的关键因素。

（4）讨论影响3D打印精度的因素。

实验十二　EPDM-g-GMA 接枝共聚物的制备

（实验学时：8h）

一、实验目的

（1）掌握熔融法制备EPDM-g-GMA接枝物的制备方法。

（2）探讨单体和引发剂用量对EPDM-g-GMA接枝率的影响。

（3）总结接枝物制备工艺条件。

二、实验原理

高分子材料根据其产生途径的不同可以分为天然高分子材料和人工合成高分子材料。天然高分子材料，如天然弹性体、各种树脂等在自然界中已存在了数千年，并被人们广为利用。合成高分子材料在20世纪20年代以前发展缓慢，有关高分子科学的理论尚处在萌芽状态。但自从20世纪30年代赫尔曼·施陶丁格（H. Staudinger）建立高分子学说，以及华莱士·休姆·卡罗瑟斯（W. H. Carothers）的缩合聚合，卡尔·齐格勒（K. Ziegler）和居里奥·纳塔（G. Natta）的定向聚合等新的催化体系的发现与应用，高分子合成材料领域取得了突飞猛进的发展，形形色色的高分子材料被人工合成出来，并在实际中得到应用，同时测试分析手段也进一步完善。到了20世纪60年代，大多数的常用高分子材料已经被合成出来，寻找新的单体和合成途径可能毫无应用价值。在这一阶段，高分子材料科学的发展似乎陷入了困境。后来人们受冶金物理学中合金理论的启发，开创了高分子材料研究的新领域，利用现有的聚合物，通过物理的或化学的共混工艺过程制备高分子—高分子混合物，获得了性能优于单组分高分子的材料，迅速在工业上得到了广泛的应用。20世纪70年代出现的许多合成材料的新品种，都是以共混高聚物形式出现的，有关这方面的研究已经成为高分子科学的一个重要领域。

熔融共混是将共混组分加热到熔融状态后进行共混，是应用极为广泛的一种共混方法。聚合物材料与性质的完美结合一直是人们所追求的目标。满足这种需要的最有效也是最有价值的方法，就是应用共混聚合物。通过把不同的聚合物共混，能够开发出性能优良的新材料，聚合物共混改性是获得性能优良的新材料的重要途径之一。但是不是任意材料都可以共混的，不相容的聚合物共混就需要加入增容剂。三元乙丙橡胶（EPDM）属非结晶橡胶，基本上是一种饱和的高聚物，分子链上没有极性取代基因，分子链比较柔顺。因拉伸强度较低，其应用受到限制。甲基丙烯酸缩水甘油酯（GMA）是一种常用的接枝单体，利用GMA

对EPDM进行接枝改性，使橡胶分子表面产生极性基团，从而制备出一种增容剂。这种增容剂可以对极性高分子起到很好的增韧作用。

三、主要仪器和材料

1.主要仪器设备及工具

转矩流变仪（图4-12-1），电子分析天平，真空烘箱。干燥器，方盘（2个），药勺（1套），滤纸（1盒），称量纸，100mL烧杯（4个），1000mL烧杯（4个），10mL量筒（2个），玻璃棒，一次性塑杯，卷筒纸，吹风机，5mL注射器（带针头），塑封袋（5#或7#），剪刀（2把），刮刀（2把），纱线手套（若干）。

2.主要材料及试剂

三元乙丙橡胶（EPDM）颗粒，过氧化二异丙苯（DCP），甲基丙烯酸缩水甘油酯（GMA），丙酮，二甲苯，氢氧化钾，乙醇，麝香酚蓝。

图4-12-1 转矩流变仪

四、实验步骤

1.EPDM-g-GMA接枝物的制备

用药勺取出过氧化二异丙苯（DCP），在滤纸上压干，以除去保护液。

按配方准确称取EPDM颗粒和DCP，将DCP溶于一定量的丙酮形成DCP—丙酮溶液，将DCP—丙酮溶液均匀地洒在EPDM表面，经充分混合后晾干，使丙酮充分挥发。

利用转矩流变仪制备接枝物，在转速30 r/min、温度160 ℃条件下，待EPDM完全熔融后，注入一定量的GMA，混合5 min。将EPDM-g-GMA接枝物取出，并在其未完全凝固成块时迅速剪成小条，备用。

从表4-12-1和表4-12-2中的配方研究引发剂和单体的用量对接枝率的影响。

表4-12-1 引发剂用量对接枝率的影响（GMA：1.8mL）

EPDM/g	45	45	45	45	45
DCP/g	0.009	0.0135	0.018	0.0225	0.027

表4-12-2 单体用量对接枝率的影响（DCP：0.0135g）

EPDM/g	45	45	45	45	45
GMA/mL	0.90	1.8	2.3	2.7	3.0

2. EPDM-g-GMA 接枝率的测定

提纯：取干燥过的接枝物样品在二甲苯中充分溶解，然后放入丙酮溶液中使其沉淀，将提纯后的接枝物置于真空烘箱中，于40℃干燥至恒重后备用。

准确称取提纯后的样品0.4g加入50mL二甲苯中，稍冷后再加入5.0mL的0.7mol/L的KOH—乙醇溶液，以麝香酚蓝为指示剂，用2.978mol/L的HCl—异丙醇滴定至终点。

接枝率 G_x 按下式计算：

$$G_x = \frac{(V_1 - V) \times N \times 98.06}{2 \times 103 \times W} \times 100\%$$

式中：V_1 为测接枝物时HCl—异丙醇消耗的体积（mL）；V 为空白实验中HCl—异丙醇消耗的体积（mL）；N 为HCl—异丙醇的浓度（mol／L）；W 为接枝物样品重（g）。

五、思考题

（1）写出该接枝反应方程式。

（2）总结影响接枝率的因素。

（3）采取什么方法表征单体GMA已经接枝到EPDM上？